Hören Sie auf zu rennen

Paul J. Kohtes / Nadja Rosmann:
Hören Sie auf zu rennen

info@j-kamphausen.de
www.weltinnenraum.de

Lektorat: Christian Salvesen
Umschlag-Gestaltung:
Typografie/Satz: KleiDesign
Illustrationen: Franz-Josef Wiewel
Druck & Verarbeitung:
Books on Demand GmbH, Norderstedt

Bibliografische Information der Deutschen Nationalbibliothek
Die Deutsche Nationalbibliothek verzeichnet diese
Publikation in der Deutschen Nationalbibliografie;
detaillierte bibliografische Daten sind im Internet
über http://dnb.d-nb.de abrufbar.

ISBN Printausgabe: 978-3-89901-839-4
ISBN E-Book: 978-3-89901-502-7

Paul J. Kohtes

Nadja Rosmann

Hören Sie auf zu rennen

Was Manager von Hase & Igel lernen können

De Has un de Swinegel

Ja, so heißt die Story vom Wettlauf des Hasen mit dem Igel im Original bei den Brüdern Grimm. Da war der Igel noch ein Swinegel. Denn die Geschichte wurde ursprünglich plattdeutsch erzählt. Da fing das Erzählen so an, wie man es sich bei den Präsentationen mancher Werbeagenturen vor dem Kunden oft denkt:

Disse Geschichte is lögenhaft to vertellen, Jungens, aver wahr is se doch, denn mien Grootvader, von den ick se hew, plegg jümmer, wenn he se mie vortuerde, dabi to seggen: „Wahr mutt se doch sien, mien Söhn, anners kunn man se jo nich vertellen." De Geschicht hett sick aber so todragen.

Heute würden wir so anfangen: *Hey, Jungs, diese Geschichte ist eigentlich ein Fake. Und sie ist doch real – weil unser Boss immer sagt: „Würde ich diese Story jemals erzählen, wenn sie nicht wahr wäre? Niemals!" Also muss die Geschichte echt sein.* Hier ist sie:

Als der Igel sich wieder einmal vor der Hausarbeit und dem Anziehen der Kinder drücken wollte, da sagte er zu seiner Frau: „Ich gehe mal eben nachsehen, was die Steckrüben machen. Vielleicht kann ich was Ordentliches zum Essen besorgen." Er nickte sich selbst ein „Ja" zu und verschwand. Auf dem Acker, nahe beim Schlehenbusch, traf er den Hasen, der in ähnlicher Mission unterwegs war. Er grüßte ihn freundlich, wie es so seine Art war.

Der Hase jedoch sah ihn von oben herab an, war er doch eindeutig was Besseres als so ein einfacher Swinegel. „Na, was suchst du denn hier?", näselte er schließlich den Igel an. „Oh, ich geh´

spazieren. So ein schöner Tag", erwiderte der Igel. „Ha, spazieren? Das ist wohl nicht gerade deine Kernkompetenz, bei deinen krummen Beinchen."

Das konnte der Igel jetzt aber nicht auf sich sitzen lassen: „Du bildest dir wohl ein, du könntest mit deinen Beinen mehr ausrichten? Wollen wir wetten, wer schneller ist?"

Da lachte der Hase nur höhnisch. Mit einem Igel um die Wette laufen? „Hundert Euro und eine Flasche Jägermeister für den, der gewinnt", lockte der Igel. Das konnte sich der Hase nicht entgehen lassen, ein sicherer Gewinn für ihn. Er schlug eine extra weite Strecke vor: „Bis zum nächsten Schlehenbusch." Und er wollte auch gleich loslegen.

„Gemach, Herr Hase", sagte sein Wettbewerber, „ich bin einverstanden, aber erst muss ich heim, eine Kleinigkeit essen, sonst schaff' ich das nicht." Das war dem Hasen nur recht. Sollte er sich doch zuvor ruhig auch noch den Bauch voll schlagen. Der Sieg war ihm schon jetzt sicher. Sie verabredeten sich für eine Stunde später zum Wettlauf.

Der Igel eilte nach Hause, um Hilfe zu mobilisieren. Er hatte da nämlich eine Idee. „Komm, Frau, wir gewinnen 100 Euro und eine Flasche Jägermeister", rief er ihr zu. Die war not amused: „Was hast du dir denn jetzt schon wieder ausgedacht, du Taugenichts?" Er aber erzählte ihr von seinem Plan: „Wir sind uns doch ziemlich ähnlich, oder? Also, du stellst dich an das Ziel unserer Rennstrecke. Wenn dann der Hase angerannt kommt, rufst du ihm zu: ‚Ick bin allhier'. Nein, besser auf Hochdeutsch, so ein Hase kann doch kein Platt: ‚Ich bin schon da!' Alles klar?"

Alles klar. Der Wettkampf konnte beginnen. „Du zählst", gestand der Hase dem Igel großmütig zu. „Drei, zwei, eins, los!" Der Hase sauste los, der Igel machte ein paar Schritte und blieb zurück. Als der Hase am Ziel ankam, wunderte er sich nicht schlecht. Da saß schon der Igel und rief ihm zu: „Ich bin schon da!" Also noch eine Runde, jetzt zurück. Aber auch da saß schon der Igel und rief fröhlich: „Ich bin schon da!"

„Das ist ja irre", dachte der Hase bei sich, „ich muss schneller werden." Und so rannte er full speed – Runde um Runde mit wachsender Verbissenheit, insgesamt zweiundsiebzig Mal! Schließlich, in der dreiundsiebzigsten Runde, fiel er einfach um, lag mitten auf dem Acker in einer Furche. Das Blut floss ihm aus der Nase, er war mausetot. Da nahmen der Igel und seine Frau die hundert Euro und die Flasche Jägermeister – und lebten glücklich und zufrieden bis heute, falls sie nicht gestorben sind.

Nun sagen Sie nicht, in Ihrer Firma wäre das alles anders ...

Hören Sie auf zu rennen

Hasen-Syndrom: ***Orientierungslosigkeit***

Diese Einführung verrät Ihnen, warum ein Management aus erleuchteten Hasen und genetisch optimierten Igeln zu besseren Lösungen kommt als konventionelle Führungskräfte.

Haben Sie sich schon mit einem unserer Hauptdarsteller identifizieren können? Oder fragen Sie sich: Was hat diese alberne Geschichte mit Management zu tun oder gar mit mir selbst? Nun, wir haben da ein paar interessante Entdeckungen in dieser Parabel vom Hasen und dem Igel gemacht, die verblüffende Parallelen zum heutigen Manager-Verhalten aufweisen. Damit Sie wissen, warum es sich lohnt, darüber ein ganzes Buch zu schreiben (und zu lesen), sei vorweg schon verraten, dass wir niemals nur Has' oder Igel sind. Als guter Manager sind wir das Fabelwesen „Has'n'Igel" ungetrennt. Und wir werden Ihnen zeigen, dass man damit ganz gut über die Runden kommt – vorausgesetzt, Sie wollen erfolgreich und glücklich zugleich sein.

Allerdings – und dies ist eine ausdrückliche Warnung –, wenn Sie sich vom „Management à la Has'n'Igel" inspirieren lassen, werden Sie nur schwer oder gar nicht zur ultimativen Rennerei des Hasen zurückkehren wollen.

Während Kinder bei der Geschichte vom Hasen und vom Igel es meistens lustig finden, wie der Igel seinen selbstherrlichen Konkurrenten austrickst, und das blutige Finale nach kurzem Staunen leicht wieder vergessen, weil in ihrer Welt Erschöpfung und Tod sich noch keinen Raum verschafft haben, ist die Resonanzfläche des Homo manageriens erheblich komplexer.

„Der Hase ist doch selbst schuld", ist häufig unser erster Reflex auf die Geschichte, denn schließlich war es doch seine eigene Überheblichkeit, die ihn zum ungleichen Wettkampf trieb. Eine Überheblichkeit, die im wirtschaftlichen Wettlauf gang und gäbe ist, ja, sogar oft als Wettbewerbsvorteil eingeschätzt wird. Dabei gibt es Negativ-Beispiele wie Sand am Meer: Manager, die sich an gigantischen Fusionen verheben, weil sie in ihrer Eile keinen Blick für Details finden, über die sie später stolpern. Oder Marketingexperten, die Produkte zur Marktreife prügeln, um dann bei den unvermeidlichen Rückrufaktionen Federn zu lassen. Aber auch im kleineren ist das Hasen-Syndrom allgegenwärtig. Der Abteilungsleiter, der seine Sachbearbeiter mit nicht einzuhaltenden Terminvorgaben zu noch mehr Schnelligkeit drillt, nachdem er von seinem eigenen Vorgesetzten mit neuen, unrealistischen Zielplänen konfrontiert wurde, ist ebenso im Hasen-Modus wie die Chef-Sekretärin, die nach einem morgendlichen Rüffel durch den Vorstand in der Mittagspause die Servicekraft in der Kantine zur Eile antreibt.

Der Hase steckt also in jedem von uns, mal mehr und mal weniger. In Maßen ist das auch gut so, denn sein Potenzial erleichtert es uns, Ziele zu erreichen, Fortschritte zu machen und manchmal sogar Berge zu versetzen. Doch wer immer nur rennt, bleibt irgendwann – so tabulos drastisch zeigt es unser Märchen – erschöpft in der Ackerfurche liegen, und „das Blut läuft ihm aus den Ohren". Weniger archaisch, aber nicht minder drastisch sind die Folgen in der Business-Welt: Magengeschwür, Herzinfarkt, Depression, Burn-out. Merke: Schnelligkeit und Zähigkeit sind eben nur so lange Wettbewerbsvorteile, wie der Hase nicht tot ist.

Der Igel ist auf den ersten Blick ein Schelm, der mit einem kleinen Kniff eine sehr ungleiche Ausgangssituation zu seinen Gunsten wendet. Ihm gehört meistens unsere spontane Sympathie. Obwohl er ein Betrüger ist. Aber wer würde nicht gerne erfolgreich sein gegenüber einem ungleichen Wettbewerber – ohne sich abstrampeln zu müssen? Wie macht der Igel das? Während der Hase am liebsten sofort losrennen möchte, lehnt sich der Igel zurück und betrachtet das Problem von außen. Es ist völlig klar, dass er in der direkten Konfrontation niemals gewinnen kann. Allerdings hat er einen Vorteil: seine Selbstdistanz. Die verschafft ihm Raum für kreative Ideen. Wäre es dem Hasen während des Rennens auch nur für einen Moment gelungen, sich von der eigenen Überheblichkeit zu distanzieren, hätte er den Trick des Igels durchschaut.

In den asiatischen Kampfkünsten findet diese Perspektive einen oft formvollendeten Ausdruck, wie im Prinzip des *ken-tai*, einer Angriffs- und Wartestellung im japanischen Schwertkampf. Dabei bedeutet *ken* so viel wie *sofortiger Angriff, der konzentriert und kraftvoll ausgeführt wird, sobald der Kampf beginnt*. Der unerlässliche Gegenpol, ohne den der Kämpfer kaum siegen kann, ist *tai* und steht für *sich zurückhalten und den Angriff des Gegners abwarten*. Während der Kämpfer mit seinem Körper den Gegner lockt (*ken*), bringt er das Schwert in eine günstige Warteposition (*tai*), um in dem Moment, in dem der Gegner auf die Finte eingeht, den Kampf mit einem gezielten Schlag für sich zu entscheiden.

Der Igel ist mit seiner Strategie des „Wartens" erfolgreich, weil er sich darauf verlassen kann, dass der Hase auf seine Rolle des „Angreifers" fixiert bleibt. Die List des Igels funktioniert also nur, weil dieser seinen Gegenspieler richtig eingeschätzt hat.

Nun kennen wir alle auch die andere Seite der Igel-Typen: Menschen, die sich mit Bequemlichkeit und Tricksen durchs Berufsleben schlängeln. Das sind die, die mit Taktieren und Raffinesse stets ihren Vorteil im Blick haben, die selbst nichts leisten wollen und gerne andere für sich zu Tode hetzen lassen. Diese Igel-Menschen sind allerdings genauso unglücklich wie die blind dahinrasenden Hasen.

Die Idee des „Management à la Has'n'Igel" ist es, das Beste aus beiden Welten zu gewinnen. Das ist möglich, wenn wir Einseitigkeiten vermeiden und es schaffen, vermeintliche Gegensätze aufzulösen. Daraus entsteht ein Führungsstil, bei dem Sie dort, wo es notwendig ist, kraftvoll agieren, sich aber auch blitzschnell zurücknehmen können, sobald das für Ihren Erfolg besser ist. Diese Strategie birgt zwei große Vorteile: Sie verhindert, dass wir uns zu Tode rennen, weil sie stets rechtzeitig für frische Energie sorgt. Und zweitens führt sie uns zu unserem kreativen Potenzial, mit dem wir sehr häufig die leichtere, die bessere Lösung finden.

In der Wirtschaftswelt zu Beginn des 21. Jahrhunderts haben sich die Hasen-Qualitäten augenscheinlich endgültig in den Vordergrund gedrängt. Die Devise höher, schneller, weiter – oder mehr Gewinn, mehr Effizienz, mehr Shareholder Value – führt dazu, dass das Prinzip des Innehaltens unpopulär geworden ist. Viele Manager glauben, sie geraten sofort persönlich ins Abseits oder werden von der Konkurrenz geschlagen, wenn sie sich einmal Raum nehmen für eine Rast von der Ruhelosigkeit. In der Wirtschaft macht sich jedoch zunehmend die Erkenntnis breit, das es „so" nicht weitergehen kann. Wenn Unternehmen damit beginnen, neben der mentalen Intelligenz (IQ, für *Aktion*) auch den Faktor emotionale Intelligenz (EQ, *Kooperation*) zu berücksichtigen und die Möglichkeit einer weitergehenden Transformation nicht mehr ausschließen, was der spirituellen Intelligenz (SQ, *Integration*) entspricht, dann erkennen sie, dass der Hase nur ein Hase ist, entdecken den Igel und schweißen beide zu einem leistungsstarken Team zusammen.

Wie des Öfteren in diesem Buch machen Märchen und Geschichten das rasch bildhaft klar, was sonst langatmige (und langweilige) Ausführungen erforderte:

Ein sehr wohlhabender, orientalischer Kaufmann hatte Saadi, seinen Freund, zum Abendessen eingeladen. Schon während des Essens hatte er nur von seinen Sorgen und Nöten gesprochen. Er hatte Angst um die Gesundheit seiner 100 Kamele, ärgerte sich über die Faulheit seiner 50 Diener und sorgte sich um das unberechenbare Wetter auf dem Mittelmeer. Dann wieder erzählte er von seinen Gütern in Indien, seinen Besitztümern in Usbekistan und zeigte schließlich voller Stolz seine Juwelen und Schmuckstücke, die er in aller Welt gesammelt hatte – nicht ohne zu erwähnen, dass Diebespack ihn ständig umlauere. Als Saadi schließlich einwarf, es ginge ihm doch gut, er hätte allen Reichtum der Welt, warum er sich nicht zur Ruhe setze, da sah ihn der Kaufmann lange an und sagte schließlich. „Oh Saadi, du hast Recht, was treibe ich hier? Nur noch eine Reise, dann ist Schluss, dann setze ich mich zur Ruhe, nach der ich mich doch so sehr sehne! Ich bringe noch einmal persischen Schwefel nach China, der ist dort heißbegehrt. Auf der Rückreise nehme ich dann kostbare chinesische Vasen mit nach Karthago. Von dort trägt mein Schiff edle Stoffe nach Indien zum Maharadscha. Von Indien bringe ich dann seltene Gewürze nach Ägypten. Oh ja, das ist gut, denn von hier nehme ich Papyros mit nach Persien.
Das wird ein feines Geschäft." Der Kaufmann geriet ins Schwärmen, erst als er Saadis Blick wahrnahm, stockte er und beteuerte: „Wirklich, dann endlich kann ich mich der Stille, der Besinnung und meiner Meditation widmen. Wie ich mich darauf freue."

Wir alle kennen das: Das eigene System hält uns eisern im Griff. Die einlullende Selbsttäuschung, dass „irgendwann" einmal alles besser werde, verhindert die notwendige Umkehr. Woher kommt die weit verbreitete Angst, zu sich selbst zu kommen? Die Angst davor, fremde Maßstäbe zu verändern und den eigenen Bedürfnissen anzupassen? Auf den ersten Blick kurios: Der Schlüssel liegt in unserem Verständnis von Identität. Während wir glauben, eine Kultur der Individualität zu leben, sind doch nur allzu oft Anpassung und Konformität die Leitmotive unseres Handelns.

„Wirf unbedeutende Subjektivität weg", rät der einstige Samurai und spätere Zen-Mönch Tsunetomo Yamamoto im „Hagakure", was so viel heißt wie „hinter den Blättern":

> *„Jemand entdeckt Weisheit in sich, von der er nicht einmal träumte, wenn er nur klar über sein Ego nachdenkt … auch wenn jeder gerne glaubt, eine Lösung für das schwierigste Problem durch ernsthaftes Nachdenken zu entwickeln, führt ein Werten, das sich auf das eigene Ego gründet, zu nichts als zu negativen und nutzlosen Ideen, wie angestrengt man auch nachdenkt. Wir beschränkten Menschen halten es für sehr schwierig, unsere subjektive Art des Betrachtens abzustellen. … Man ist geneigt, angestrengt zu versuchen, jede Situation mit dem bisschen Weisheit, das man hat, zu beurteilen und so mit ihr klarzukommen. Das gebiert negative, egozentrische Gedanken gegen die Vorsehung und wandelt sich in Laster."*

„Hinter den Blättern" erkennen wir auch, dass selbst der hier gelobte Igel auch seine andere Seite hat, die er nicht so schnell los wird. Wir alle kennen diese Igel-Typen, die *immer schon da sind*, wenn der Chef auftaucht, die es meisterhaft verstehen, statt selbst etwas zu leisten, andere sich zu Tode hetzen zu lassen. Da wird dann nur noch getrickst, statt zu handeln und taktiert, statt zu wirken. Diese Igel-Naturen wollen sich genauso wenig verändern wie die rennenden Hasen. Beide sind nur noch ich-bezogen – und verderben sich damit das ganze Leben. Ego-getriebene Persönlichkeiten haben auch immer eine Erklärung parat, warum sie sich nicht verändern können: „In meinem Fall ist das anders, da geht das nicht so einfach, da sind nun mal Sachzwänge, denen ich mich nicht entziehen kann." Die mildere Variante lautet: „Wenn ich diesen Job erfolgreich abgeschlossen habe, dann ..." Es ist schade, dass es offensichtlich erst zum Crash kommen muss, bis wir uns schonungslos als rasenden Hasen oder parasitären Igel erkennen können. Das könnte dann allerdings der Moment sein, in dem wir den „guten" Igel in unserem eigenen Spiel zulassen können. Und was machen wir, so sozialisiert, wie wir sind? Sofort suchen wir mit hasiger Verbissenheit unser Heil im „Igel-Sein". Doch was ist das wahre Geheimnis? Vereinfacht gesagt, eine genetische Optimierung des Igels. Gewissermaßen der Igel, der entdeckt, dass er mehr ist als nur ein Igel – nämlich unter anderem auch ein Hase. Das finden Sie merkwürdig? Nun, das ist es auch, und zwar im besten Sinne des Wortes.

„Management à la Has'n'Igel" verfolgt genau dieses Ziel. Das Buch beleuchtet deshalb typische Hasen-Syndrome wie Kosten- und Erfolgsdruck, Zielfixierungen und Zeitnot aus einer neuen Perspektive und zeigt, wie die konstruktiven Seiten des Igels zum Ideengeber für neue, produktive und letztendlich auch zufriedenstellende Lösungen werden. Der Weg führt dabei schnurstracks von den vermeintlich äußeren Feinden, den Wettbewerbern, Aktionären, Vorständen, Mitarbeitern und Kunden, zu der eigenen Rolle im Wettlauf, zu Überheblichkeits-Wahn, Streit-Sucht, Versagens-Angst und dem Gefühl, unersetzlich zu sein, bis hin zum Hasen-Crash, an dem gar nichts mehr zu gehen scheint: Antriebsschwäche, Minderwertigkeits- und Angstgefühl, innere Emigration und Burn-Out-Syndrom. Dabei kommt der Hase oft in geschickter Tarnung, denn er hat natürlich inzwischen aus dem Märchen der Gebrüder Grimm gelernt.

Wenn Sie genau hinschauen, fällt Ihnen sicherlich spontan die eine oder andere Situation in Ihrem Leben ein, wo Sie ihm bereits begegnet sind. Bekanntlich ist es immer leichter, die Probleme bei den anderen zu sehen. Wahrscheinlich haben Sie jedoch auch in Ihrem eigenen Leben schon einige riskante Sprints zurückgelegt.

Ihre Igel-Natur, die Sie vielleicht bis jetzt nur vage in sich erahnen, hat in Ihnen die Neugier auf dieses Buch geweckt. Wenn Sie es nun auch lesen und vielleicht sogar ein wenig wirken lassen, dann haben Sie schon das Kostbarste für sich gewonnen: Zeit. Unsere acht Kapitel wollen den Horizont des Wahrnehmbaren erweitern. Unsere Botschaft klingt simpel. Sie ist es auch, allerdings braucht es – wie viele simple Dinge – ein wenig Übung. Es ist wie das Erlernen des Fahrradfahrens. Wenn man es kann, ist es ganz einfach. Das ist der Kern: Sie lösen durch Selbstwahrnehmung Ihre Betroffenheit – und damit endet das blinde Agieren. Das schafft gleichzeitig frische Kraft und Raum für kreative Lösungen. Mal wird es ein Schlendern sein, mal ein fröhliches Hüpfen, dann wieder ein zielstrebiges Laufen, das Sie zum Ziel führt. Immer aber ist es das Loslassen, das Durchatmen und insbesondere das Vergnügen, das alle diese Bewegungen begleitet.

I. Den Bilanzen die Macht nehmen

Hasen-Syndrom: ***Kosten-Druck***

Zahlen, Daten, Fakten, Kosten, Preise, Druck – schwirrt Ihnen nicht auch manchmal der Kopf, wenn Sie einen Blick in den Geschäftsbericht Ihres Unternehmens werfen? Statistiken und Bilanzen sind wie eine Partitur. Sie vermitteln eine Ahnung davon, worum es geht. Die Musik erklingt jedoch nur, wenn das Orchester spielt. Als guter Dirigent haben Sie viele Gestaltungsmöglichkeiten, um der Komposition Leben einzuhauchen. Und genau diese Lebendigkeit ist es, die Ihre Zuhörer (Kunden, Mitarbeiter, Aktionäre) hinreißt, nicht die Noten auf dem Papier.

Wirtschaftliche Prozesse werden gerne auf Zahlen reduziert. Schließlich wollen Investoren, Aktionäre und Manager am Quartals- und Jahresende wissen, welche Leistungen erbracht wurden und vor allem, welcher Gewinn zu erwarten ist und wie es um ein Unternehmen steht. Die Zahlen fassen das zusammen, was im Unternehmen geschieht. Sie sind aber nicht das Geschehen selbst. Viele Manager neigen dazu, dies unter dem Druck des Tagesgeschäfts aus den Augen zu verlieren. Wenn es darum geht, die Potenziale eines Unternehmens zu optimieren, ist oft der erste Ansatz, auf dem Papier Sparmaßnahmen auszuloten. Man knapst beim Personal ein paar Prozentpunkte der Kosten ab, beschließt, dass in der Produktion künftig weniger Material verbraucht werden darf, und spielt vielleicht sogar mit dem Gedanken, manche Güter in Zukunft komplett im Ausland zu produzieren, da man dort noch mehr Kosten spart.

Planspiele wie dieses sind in Firmen an der Tagesordnung. Doch werden sie auch der Realität gerecht? Und machen sie Unternehmen wirklich erfolgreich? Werfen wir zunächst einen Blick auf Unternehmen, die der „Nichts-wie-weg-Mentalität" erfolgreich trotzen, keine Mitarbeiter entlassen, am vermeintlich teuren Standort Deutschland produzieren und dabei auch noch Gewinne machen.

Ohne Vision kein Lohn

Ein Fels in der Brandung der Globalisierung ist beispielsweise der schwäbische Unternehmer Wolfgang Grupp, Inhaber des Bekleidungsherstellers Trigema. Mit 1.200 Mitarbeitern widersetzt er sich dem Trend zur Abwanderung in Billiglohnländer und produziert ausschließlich in Deutschland. Sein Geheimnis: Standhaftigkeit, gepaart mit viel Realitätssinn.

„Der deutsche Arbeitslohn ist nicht zu teuer, wenn die Arbeitskraft richtig eingesetzt, motiviert ist und die Leistung in ein verkaufbares Produkt eingeht. Dies aber ist die Aufgabe von uns Unternehmern. Nicht Macht, Marktanteile und Größe dürfen bestimmend sein, sondern Solidität, Verantwortung für die Mitmenschen, Gerechtigkeit und Beständigkeit."

Grupp ist kein Samariter. Auch er will mit dem 1919 gegründeten Familienunternehmen Gewinne machen – und tut es. Doch er tut es nicht um jeden Preis. Als Paradebeispiel zeigt er, wie Manager es schaffen können, eine Balance zwischen Fordern und Fördern herzustellen, indem sie mit ihren Mitarbeitern einen verbindlichen Umgang pflegen und diese so zu einem Engagement motivieren, das Werte schaffen kann.

Dem Kostendruck der Branche begegnet er dabei gerne auch mit eher unorthodoxen Methoden. So diskutiert Grupp schon einmal mit seinen Näherinnen darüber, dass akribisch in T-Shirts eingenähte Etiketten keinen Mehrwert schaffen, sondern nur die Kosten unnötig in die Höhe treiben.

Auch die Weleda AG in Schwäbisch Gmünd setzt auf eine Mischung aus Mitarbeiterpflege und vorausschauendem Marktkalkül. Der Hersteller von Arzneimitteln und Kosmetikprodukten richtet seine Firmentätigkeit und seine Produkte nach anthroposophischen Grundsätzen aus und wurde dafür bereits als „Top-Arbeitgeber" ausgezeichnet. Selbst die Folgen der Gesundheitsreform haben das Weleda-Wachstum nicht erschüttert. Trotz eines zweistelligen Umsatzrückgangs bei den verschreibungspflichtigen Medikamenten konnte das Unternehmen seine Umsätze in den letzten Jahren deutlich erhöhen.

Die Mitarbeiter werden bei Weleda nicht als Kostenstelle gesehen, sondern als wichtige Know-how-Träger. Um den weiteren Ausbau der Arzneimittelproduktion am Standort Deutschland (620 Mitarbeiter) zu finanzieren, legte Weleda mit der ethischökologisch orientierten GLS Gemeinschaftsbank einen Publikumsfonds auf. So sichert das Unternehmen nicht nur sein weiteres Wachstum, sondern auch seine Unabhängigkeit.

Die Beispiele zeigen, wie sich auch unter tendenziell schwierigen Marktbedingungen gewinnbringende Geschäfte machen lassen, wenn Unternehmen eine Vision entwickeln und diese mit ihren Mitarbeitern teilen. Das Geheimnis des Erfolgs: Die Führungskräfte erlauben es sich, das Marktgeschehen mit innerer Distanz von außen zu betrachten und lassen sich nicht von vermeintlichen Zwängen vereinnahmen. So entsteht ein Raum der Stille und Freiheit, in dem sich neue Ideen entwickeln können. Antriebskraft ist nicht ein „Was muss ich tun, um nicht unterzugehen?", sondern ein selbst gestaltetes „Was ist mir wichtig und was will ich erreichen?". Utopien speisen sich aus dem Mut zur Phantasie. Und sie werden Wirklichkeit, wenn Manager ihre Originalität gegenüber ihren Mitarbeitern mit innerer Überzeugungskraft vertreten und – das ist das Wichtigste – Solidarität mit ihnen beweisen.

Schlicht vergessen: Wofür kämpfen wir eigentlich?

Verbesserungen entstehen immer aus der glücklichen Verbindung verschiedener Faktoren. Und sie sind darauf angewiesen, dass die Menschen, die zu ihnen beitragen sollen, in dem von ihnen erwarteten Handeln einen Sinn sehen. Überlegen Sie einmal, wie Sie sich fühlen würden, wenn Ihnen Ihr Vorgesetzter heute verkündet, dass Ihre Arbeit in Zukunft 20 Prozent weniger wert ist. Wahrscheinlich wird er Ihnen das nicht so direkt sagen, sondern vielleicht folgende Formulierung wählen: „Wir müssen 20 Prozent der Lohnkosten einsparen, um auf dem Weltmarkt konkurrenzfähig zu bleiben." Ein solch abstrakter Transfer eines Zahlenspiels auf die Realität kann in der Praxis nur schiefgehen, denn er versucht einfach, einem Menschen ein Modell überzustülpen. Wenn ein Unternehmen zudem noch Gewinne schreibt, ist für den Einzelnen ohnehin kaum noch erkennbar, warum gerade an ihm nun gespart werden muss.

Es geht nicht darum, den Abbau von Arbeitsplätzen generell als unethisch abzuqualifizieren. Schon Meister Eckhart wusste vor 700 Jahren:

> *Wenn ein Arzt dem Kranken einen Finger abschneidet, so tut er das nicht, um ihm weh zu tun, sondern um den ganzen Menschen zu retten.*

Für manche Firmen ist dieses radikale Cost Cutting vielleicht die einzige Möglichkeit, um eine Chance zum Überleben zu haben. Wenn Führungskräfte diese Stunde der Wahrheit nutzen, um die Probleme des Unternehmens transparent darzulegen, können sie in den meisten Fällen auf das Verständnis ihrer Mitarbeiter zählen. Schon manches Unternehmen entwickelte in der Stunde der Not neue Antriebskräfte, weil Management und Mitarbeiter zusammenrückten und *gemeinsam* einen Weg aus der Misere suchten und fanden.

Sparziele lassen sich am besten erreichen, wenn sie einen plausiblen Realitätsbezug aufweisen. Eine Vorgabe im Stil von „Der Ausschuss muss um 25 Prozent reduziert werden" kann in dieser Form nur schwer greifen, weil sie das *Wie* und das *Warum* des Produktionsalltags nicht berührt. Um auf ein Ergebnis zu kommen, ist es zunächst einmal notwendig, sich mit den Umständen zu beschäftigen. Und die haben zwar auch mit Themen wie Marktpositionierung, Absatz und Gewinn zu tun, aber in erster Linie mit Menschen. Fragen Sie doch einmal die zuständigen Mitarbeiter, warum sich bei den von ihnen zu produzierenden Teilen eine hohe Fehlerquote eingeschlichen hat. Möglicherweise stellen Sie in einem persönlichen Gespräch fest, dass ganze Abteilungen in so hohem Maße demotiviert sind, dass es den Mitarbeitern schlicht egal ist, wie viele fehlerhafte Stücke sie produzieren. Gleichgültig, wie unerfreulich diese Bestandsaufnahme vielleicht ausfallen mag, Sie werfen so einen unverstellten Blick auf die Realität – und genau hier müssen Sie schließlich mit Ihren Veränderungsmaßnahmen ansetzen.

Ein solch direktes und dabei auch persönliches Vorgehen ist sicherlich auf den ersten Blick für viele Manager gewöhnungsbedürftig. Es hat jedoch den Vorteil, dass es sich auf eine konkrete Realität bezieht. Wie groß dagegen oft die Lücke zwischen Zahlenreigen und Betriebsalltag ist, veranschaulicht eine Häme aus den Hochzeiten der New Economy:

Da gute Programmierer am Markt Mangelware waren, entschloss sich ein IT-Unternehmen, einer Gruppe Kannibalen in der Abteilung für Softwareentwicklung eine Chance zu geben. Der Personalleiter gab ihnen mit auf den Weg: „Ihr verdient hier gutes Geld, könnt in der Kantine essen, aber lasst bloß die Mitarbeiter in Ruhe." Nach vier Wochen fehlten auf einmal zwei Putzfrauen und der Chef fragte nach. „Nein! Niemals! Wir doch nicht!", entgegneten die Kannibalen. Schließlich, ganz unter sich, fragte der Ober-Kannibale den Jüngsten der Gruppe: „Sag bloß, du hast sie gefressen?" Der gab es kleinlaut zu. „Ach, du Idiot", schrie ihn der Ober-Kannibale an. „Seit vier Wochen leben wir bestens von Bilanzbuchhaltern und Controllern. Keiner hat etwas gemerkt. Und du musst ausgerechnet die Putzfrauen fressen!?"

Die Hüter der Bilanz fristen, so das Klischee, ein Schattendasein in dusteren Hinterzimmern und wenn sie verschwinden, fällt es noch nicht einmal jemandem auf. Turnusmäßig nimmt sich das Management dann der produzierten Zahlenkolonnen an und generiert Handlungsdruck – von oben nach unten. Dass das nicht funktionieren kann, ist klar.

Wer dagegen versucht, im direkten Kontakt mit seinen Mitarbeitern gemeinsam nach Lösungen zu suchen, schafft schon im Vorfeld anstehender Veränderungen ein Klima der positiven Akzeptanz. Und die ist dringend nötig, um Maßnahmen zum Erfolg zu verhelfen.

Deshalb brauchen Unternehmen ein *positives* Zukunftsbild, das von allen Mitarbeitern gemeinsam emotional aufgeladen wird. Das Verändern von Zahlen auf dem Papier und das bloße Durchdrücken unliebsamer Maßnahmen hingegen schafft kaum Raum für positive Identifikationen. Im Gegenteil: Es führt leicht zu einem Corporate Masochism, der Mitarbeiter dazu verleitet, sich so weit wie möglich gegen Veränderungen zu sträuben.

Doch warum flüchten sich dann viele Führungskräfte in das Spiel der Zahlen? Die Antwort wird nicht gerne gehört. Unternehmen erscheinen vielen Managern heute als so komplex, dass sie vor den institutionalisierten Interessen ihrer Stakeholder in starre Handlungsmuster verfallen. Es wird nicht mehr für etwas gekämpft, sondern nur noch gegen. Gegen den Verfall der Marktanteile, gegen launenhafte Kunden, gegen renitente Betriebsräte, gegen eigenwillige Lieferanten – schließlich gegen die eigene Erschöpfung ...

Die Analysten-Neurose

Selbst gegen die eigene Bilanz wird gekämpft, ist sie doch ein mächtiges Instrumentarium, das selbst gestandene Leistungsträger in die Bredouille bringt, beispielsweise, wenn das Plansoll einmal nicht erfüllt wurde. Haben sich die Beobachter mehr versprochen, als die Bilanz hergibt, wird es eng. Der „Markt" reagiert unbarmherzig. Kursabsacker von mehreren Prozent sind an der Tagesordnung, wenn sich zwischen den Erwartungen der Beobachter und den vorgelegten Zahlen Lücken auftun. Allein Gewinn zu machen, reicht heute nicht mehr aus, um Anleger zufrieden zu stellen. Denn ein positiver Entwicklungstrend wird – natürlich sehr erfreut – bereits, sobald er sich abzeichnet, wohlwollend zur Kenntnis genommen. Börsianer nennen das „eingepreist". Am Tag des Quartalsberichts ist er nur noch Schall und Rauch. Wenn jetzt die Erwartungen der Analysten nicht mindestens um ein paar Prozentpunkte übertroffen werden, kracht es zwar nicht gleich, doch der Aktienkurs trägt auf jeden Fall eine Delle davon.

Diese Dynamik zwischen Unternehmen und Investoren ist gängige Praxis. Es geht auch gar nicht darum zu entscheiden, ob dies nun gut oder schlecht ist. Viel interessanter ist es, das Wechselspiel daraufhin zu betrachten, welche Chancen und Freiräume es eigentlich in sich birgt. Im Wirrwarr aus realen Herausforderungen und Pseudozwängen vergessen Führungskräfte nur allzu gerne, dass sie selbst es sind, die die Prioritäten setzen können und sollten. Es ist, als ob wir ein Karussell bestiegen hätten, das sich allmählich immer schneller dreht. Bis wir das realisiert haben, rast das Karussell bereits so schnell, dass wir nicht mehr aussteigen können. Stattdessen müssen wir uns mitdrehen und dabei immer stärker festhalten. Wir hätten es kommen sehen können. Wenn wir mehr Selbstdistanz gehabt hätten, wären wir vielleicht früher ausgestiegen. Die Weisheit der Mutter sollte nicht gering geachtet werden:

> *Juin, ein Meister der buddhistischen Shingon-Sekte, war ein berühmter Sanskrit-Gelehrter der Tokugawa-Zeit. Schon als er noch Student war, pflegte er seinen Kommilitonen Unterricht zu geben. Seine Mutter hörte davon und schrieb ihm einen Brief: „Sohn, ich glaube nicht, dass du ein liebender Verehrer des Buddha wirst, da es dich danach verlangte, ein lebendes Lexikon für andere zu sein. Es gibt kein Ende in der Kette von Informationen und Kommentaren, von Ruhm und Ehre. Ich wollte, du würdest mit diesem Unterrichtsgeschäft aufhören. Schließ dich in einem kleinen Tempel an einem abgelegenen Ort in den Bergen ein. Widme deine Zeit der Meditation und erlange auf diesem Weg die wahre Verwirklichung."*

Sie müssen sich nicht für immer auf einen einsamen Berg zurückziehen, um von dem Rat der besorgten Mutter zu profitieren. Treten Sie einfach ab und an aus dem Tagesgeschäft einen Schritt zurück und fragen sich, welches Karussell Sie gerade nutzen – oder verlassen wollen. Es geht darum, sich aus vermeintlichen

Zwängen immer wieder neu zu befreien. Glauben Sie, dass Sie bestimmte Schritte einleiten müssen, weil diese von Ihnen erwartet werden und alle anderen auch diesem Weg folgen? Oder haben Sie eine ganz eigene Vorstellung davon, wie Sie Ihre Aktivitäten zum Erfolg führen wollen und können?

Nur allzu leicht wird auch vergessen, dass Bilanzen keine Wahrheit an sich verkörpern, sondern nur den Versuch darstellen, eine komplexe Wirklichkeit greifbarer zu machen und in handliche Portionen zu zerlegen. Eine Zen-Weisheit sagt: *Der Finger, der auf den Mond zeigt, ist nicht der Mond.*

Mythos Downsizing – Weniger ist nicht immer mehr und woanders ist nicht alles besser

Seit der Wind in Wirtschaftsdeutschland wieder rauer bläst, wird die alte Devise „Small is beautiful" neu definiert. In den Vorstandsetagen grassiert die Angst vor der Bilanzspalte „saleries and eqv. costs". Ausgelöst durch den Vormarsch der Billiglohnländer wie China. Die Folge: Ein radikaler Abbau von Arbeitsplätzen, Produktionsverlagerungen in Niedriglohnländer und eine Erhöhung der Wochenarbeitszeit ohne Lohnausgleich werden als neue Allheilmittel gepriesen. Aber sind sie das auch? Viele Vorstände und Manager schwimmen nur zu gerne aus Angst vor einem eigenen Weg mit dem Strom und erfüllen die Erwartungen der Börse in vorauseilendem Gehorsam. Dabei gerät leicht aus dem Blick, dass Stellenabbau oder die Verlagerung von Produktionsstätten – vielleicht – einen positiven Einmaleffekt schaffen, aber die Substanz eines Unternehmens auch nachhaltig schädigen können. Da diese Auswirkungen zunächst in der Bilanz nicht auftauchen, werden sie gerne übersehen.

Die Zahl der Nachahmer des Modells „Aufbruch durch Abbau" wächst unaufhaltsam, denn längst ist das Konzept des Downsizings in Führungsetagen allgemeiner Konsens und wird als Basis für Zukunftsfähigkeit gesehen. Mögliche Nebenkosten, die meist erst später und oft durch die Hintertür erscheinen werden, haben dabei die wenigsten Manager im Moment der Rationalisierung vor Augen. Und auch viele Investoren lassen sich leicht durch Einspareffekte und ein höheres Plus unter dem Strich blenden. Aber hält diese *Wahrnehmung* den Tatsachen stand?

Viele Unternehmen lassen sich nur allzu gerne von den – für sich betrachtet – niedrigeren Arbeitskosten dazu verleiten, immer größere Teile ihrer Produktpalette im vermeintlich billigeren Ausland zu produzieren. Undurchschaubare Zuliefererkartelle, Währungsschwankungen, Logistikprobleme, Qualitätsmängel oder schlicht die niedrigere Produktivität von nicht nach deutschen Standards ausgebildeten Fachkräften sind dann nur einige der Stolpersteine, die sich auf diesem Weg auftun können – und dann oft mit viel Energie und immensen Kosten beiseite geräumt werden müssen. Dem Autobauer VW, der auf dem Papier wunderbare Sparpotenziale evaluiert hatte, verhagelten so negative Wechselkurseffekte von 200 Millionen Euro das Jahresergebnis und führten anstatt zu Einsparungen zu realen Verlusten.

Neben den harten, direkt messbaren finanziellen Aspekten machen sich zunehmend auch eher weiche Faktoren bemerkbar, die quasi aus dem Untergrund die Produktivkräfte lähmen. Die Befürworter einer Erhöhung der Wochenarbeitszeit haben oft die einfache Gleichung „mehr Arbeitsstunden = höhere Produktivität" vor Augen, wenn Sie Betriebsräte und Mitarbeiter zu Zugeständnissen bewegen wollen. Doch unpopuläre Maßnahmen wie diese wirken sich meist lähmend auf die Motivation aus, so dass viele Beschäftigte dann zwar tatsächlich mehr Stunden am Arbeitsplatz verbringen, ihren ursprünglichen Leistungsoutput aber schlicht auf das nun erhöhte Zeitvolumen verteilen. Um diesen Effekt zu verhindern, brauchen Führungskräfte gute Argumente und viel Einfühlungsvermögen, denn nur, wenn sie sowohl Notwendigkeit als auch Wirksamkeit der beabsichtigten Maßnahmen glaubwürdig vermitteln können, werden sie auch Erfolg haben und bei ihren Mitarbeitern Unterstützung finden.

Vor diesem Hintergrund sollten Manager deshalb sorgfältig abwägen, welche Kettenreaktion viele Lösungen verursachen, die nur auf Symptombehandlung aus sind.

Wir brauchen Innovations-Bilanzen

Entgegen dem Trend zum radikalen Downsizing lenkt die Unternehmensberatung Arthur D. Little gerne den Blick auf das Thema Produktivität, wenn es darum geht, Kosten zu sparen. Während die Personalkosten in den meisten Industrieunternehmen bei weniger als 30 Prozent liegen, stellen Rohstoff- und Materialkosten nämlich mit rund 40 Prozent den größten Kostenblock dar. Was liegt also näher, als hier mit Sparmaßnahmen zu beginnen?

Auch die Strategieberatung Management Engineers sieht am Standort Deutschland noch vielfältige Möglichkeiten, wie Unternehmen auch im internationalen Vergleich wettbewerbsfähig produzieren können. Die Berater gehen davon aus, dass sich Fertigungskosten um bis zu 50 Prozent senken lassen, wenn Produktionsprozesse optimiert werden. Lohnanpassungen nach unten bilden im Szenario der Studie nur einen kleinen Anteil im Portfolio der Möglichkeiten, denn: Eine Verbesserung der Prozesse und Strukturen kann zwischen zehn und 40 Prozent der Kosten sparen. Weitere zehn bis 30 Prozent sind drin, wenn Werksstrukturen verändert und neue Technologien eingesetzt werden.

Doch wie lassen sich solche Potenziale erschließen? Und warum tun dies nicht bereits viel mehr Unternehmen? Die Stimmung am Markt ist sicherlich einer der Gründe. Je mehr „Vorreiter" des Downsizings für den angekündigten Arbeitsplatzabbau an der Börse mit Kurssprüngen belohnt werden, umso eher sind Nachahmer geneigt, diesen Weg als scheinbar beste Lösung selbst zu beschreiten. Ein Gegen-den-Strom-Schwimmen erfordert dagegen ein hohes Maß an persönlicher Souveränität – das Beispiel Porsche zeigt es deutlich. Das Unternehmen wurde an der Börse mit kurzfristigen Kurseinbrüchen von über fünf Prozent abgestraft, weil die Entwicklungskosten für den neuen Panamera und einen innovativen Hybridantrieb möglicherweise die Rekordgewinne der letzten Jahre schmälern könnten. Anleger belohnen solche vorausschauenden Investments anscheinend eher selten. Für Porsche allerdings kein Grund, die eigene, als zukunftsweisend erachtete Strategie deshalb über Bord zu werfen. Diese Mentalität der Langfristigkeit der Porsche-Manager hat den Anlegern immerhin eine Umsatzrendite von 18,5 Prozent beschert. Und wenn der neue Panamera im Werk Leipzig montiert wird, entstehen dort – ganz nebenbei – auch noch 1.000 Arbeitsplätze.

Eine wirklich langfristig angemessene Lösung ist eben nur selten, das zu tun, was alle tun. Marktwirtschaft erfordert vor allem Ideenreichtum und Querdenken. Wer seinen eigenen Weg geht, ist oft einsam – im Guten wie im Schlechten. Das macht augenscheinlich vielen Managern Angst. Ein anderer Grund liegt in dem bisweilen etwas spröden Verhältnis zum Thema Innovation, das nicht nur in Deutschland relativ ausgeprägt ist:

> *Innovation umfasst die Einführung, Aneignung und erfolgreiche Verwendung einer Neuerung in Wirtschaft und Gesellschaft.*

Diese Begriffsdefinition der Europäischen Kommission ist Finger und Wunde zugleich, zeigt sie doch, mit welch' lähmendem Geist ein Thema betrachtet werden kann, das eigentlich zu waghalsigen Gedankensprüngen inspirieren sollte.

Der irische Schriftsteller Samuel Beckett dagegen vermittelt einen Eindruck davon, welchen Esprit es bedarf, um mutig und ohne Rückversicherung zu neuen Ufern aufzubrechen:

> *Immer versucht. Immer gescheitert. Einerlei.*
> *Wieder versuchen. Wieder scheitern. Besser scheitern.*

Wer ein Scheitern jedoch nur noch als Gesichtsverlust oder Untergang sieht, wird es nur schwerlich wagen, Dinge anzupacken, zu verändern, wieder anzupacken und wieder zu verändern. Der amerikanische Erfinder Thomas Alva Edison beispielsweise, der vor allem durch seine Erfindung der Glühlampe Berühmtheit erlangte, gewann auch seinen Fehlschlägen immer eine positive Perspektive ab:

> *Ich habe nicht versagt. Ich habe nur zehntausend Wege gefunden, die zu keinem Ergebnis führen.*

Als „Nebenprodukt" dieser Wege, die zunächst ins Nichts zu führen schienen, gelangen Edison jedoch auch Erfindungen, die die Welt maßgeblich beeinflusst haben, darunter ein elektrischer Stimmenzähler für Wahlen, ein Phonograph, der später zum Diktiergerät weiter entwickelt wurde, und der Kinematograph als Vorläufer der späteren Filmkameras.

EXPERIMENT

Geben Sie sich nicht mit einer miesen Lösung zufrieden

► Erfühlen Sie Ihr Unternehmen

Betrachten Sie die Bilanzen Ihres Unternehmens einmal nicht als starres Zahlengebilde, sondern als lebendigen Mikrokosmos. Vergessen Sie alles, was Sie über Rationalisierung, Effizienz und Kostendruck zu wissen glauben. Und vergessen Sie vor allem – zumindest zeitweise – die Finanzmärkte. Spüren Sie einfach nach, welche Gefühle die Zahlen auf dem Papier in Ihnen auslösen. Ja, wirklich, Gefühle!

Vielleicht gibt es in Ihrem Unternehmen Geschäftsbereiche, die schon seit Jahren schwächeln und selbst mit härtesten Sanierungsmaßnahmen bisher nicht auf Vordermann gebracht werden konnten. Haben Sie überhaupt den Eindruck, dass sich hier noch etwas retten lässt? Oder halten Sie tief in Ihrem Inneren die Schlacht schon für verloren? Wenn Sie einfach innerlich einen Schritt zurücktreten, nehmen Sie Ihre Eindrücke ungefiltert wahr. Fragen Sie sich auch, welche der erreichten Ergebnisse für Sie besonders viel bedeuten. Gibt es Bereiche, zu denen Sie sich besonders hingezogen fühlen? Warum?

Diese subtile und emotionale Bestandsaufnahme braucht natürlich Zeit – und die Bereitschaft, sich einzulassen. Sie ist keine Spielerei, sondern offenbart die Zusammenhänge hinter den Zahlen. Denn in dem Moment, in dem Sie sich – und sei es nur für Augenblicke – von Ihren alltäglichen Denkmustern frei machen, zeigen sich die Dinge, wie sie sind. Vielleicht schlägt Ihr Herz insgeheim für einen Geschäftsbereich, dem Sie große Entwicklungspotenziale zutrauen, der aber bei den Anlegern nicht gut ankommt. Lassen Sie einfach das Bild einer inneren Vision entstehen – ohne wenn, aber oder geht nicht. Denn genau in diesen Bezügen steckt die Kraft für Veränderungen.

Besonders spannend ist diese Übung, wenn Sie in einer Gruppe durchgeführt wird und alle Beteiligten ihre freien Assoziationen sammeln und gemeinsam darüber sprechen. In solchen Momenten tritt die eigentliche Verfassung eines Unternehmens nämlich meist wesentlich deutlicher zutage als in reinen Zahlenspielen.

► Schöpfen Sie aus dem inneren Geist Energie

Im Führungsalltag liegt der Schwerpunkt oft einseitig auf dem Moment der Reaktion, auf dem Handeln im Angesicht von Herausforderungen. Leicht wird darüber die äußere Anforderung zum eigentlichen Handlungsmotiv und verdeckt die innere Überzeugung. Fragen Sie sich einmal selbstkritisch, ob Sie noch Lenker des Geschehens sind oder nur noch ein von Zwängen Getriebener. Die asiatischen Kampfkünste können uns ein Vorbild sein, wenn wir bestrebt sind, unsere Handlungsfreiheit zu erhalten, um nach einer bestmöglichen Lösung zu suchen, die aus unserer inneren Kraft schöpft. So heißt es im „Weg des Samurai":

Es ist überlebenswichtig, ruhig zu bleiben, indem du deinen inneren Geist den äußeren zurückziehen lässt und ersterem nicht erlaubst, vom äußeren Geist bestimmt zu werden.

Konstruktiv führen bedeutet, sich auf Basis der eigenen Fähigkeiten und inneren Ressourcen zur Unternehmensrealität in ein Verhältnis zu setzen und im Wechselspiel zwischen Innen und Außen auszuloten, welche Handlungsmöglichkeiten es gibt. Welchen Weg Sie für sich wählen – und den dann auch Ihr Unternehmen einschlägt –, sollte immer die Folge von positiv geprägten, ja sogar lustvollen Entscheidungen sein. Treffen Sie keine Entscheidung, nur weil Ihnen keine bessere Alternative präsentiert wurde. Der heutzutage alternativlos scheinende Abbau von Arbeitsplätzen zeigt, was das für ein zweischneidiges Instrument ist. Vordergründig bedient der Abbau die Zahlenwelt. Ein Unternehmen gewinnt allerdings durch weniger Mitarbeiter nicht automatisch mehr Kraft und Handlungsfähigkeit. Oft ist es sogar so, dass der Abbau eine Abwärtsspirale in Gang setzt, weil er den verbleibenden Mitarbeitern den Zukunftsoptimismus nimmt und damit die Motivation im Unternehmen endgültig killt.

Und selbst das Scheitern, was nichts anderes ist als Loslassen, können Sie als ernst zu nehmende Alternative in Erwägung ziehen. Vorausgesetzt, Sie sind bereit, den damit verbundenen Lerneffekt für sich positiv zu nutzen. Sterben Sie doch mal, nur so, zum Üben.

II. Ziele gemeinsam definieren und offen halten

Hasen-Syndrom: ***Erfolgs-Druck***

Erfolg zu haben, bedeutet für die meisten Menschen, das zu erreichen, was sie sich einmal vorgenommen haben – und im besten Fall dafür auch Anerkennung in Form von Ehre oder Cash zu bekommen. Allerdings: ein Patentrezept für Erfolg gibt es zum Glück nicht. Der Hase stürmt zwar auf sein Ziel zu – ist aber gerade deshalb nicht in der Lage, es auch zu erreichen. Wenn Sie Ihren Blick jedoch weit werden lassen und Ihre Ziele flexibel gestalten, erhöhen Sie die Chance, wirklich etwas zu bewegen, gewaltig. Sie brauchen dabei noch nicht einmal Jägermeister als Prämie, denn wenn Sie mit Ihren Mitarbeitern gemeinsam an einem Strang ziehen, schaffen Sie Raum für eine alle verbindende Vision und das beseelte Tun, das dieser zum Durchbruch verhilft.

Wer konkrete Ziele hat, kommt im Leben weiter. Warum? Weil er alle seine bewussten und unbewussten Ressourcen bündelt und in eine Richtung lenkt. Studien belegen immer wieder, dass Manager, die klare Vorstellungen haben, welche Karriereschritte sie machen wollen, diese auch tatsächlich irgendwann erreichen. Geradlinigkeit ist also ein Erfolgsfaktor? Um mit Radio Eriwan zu antworten: Im Prinzip ja, aber ...

Management-by-Objectives (MbO) ist in Unternehmen deshalb so beliebt, weil es eine in Wahrheit unstrukturierte, chaotische Welt vorübergehend in einen überschaubaren Rahmen zwingt. Dazu werden Ziele definiert, in konkrete Aufgaben zerlegt und Manager und Mitarbeiter müssen dann nur noch losrennen. Im Gegensatz zum Märchen erreichen mit dieser Methode tatsächlich einige Hasen das Ziel, manche relativ frisch, andere dagegen mit deutlichen Verschleißerscheinungen.

Erinnern wir uns: Auch der Hase der Gebrüder Grimm hatte sein Ziel immer im Visier. Doch da er weder nach rechts noch nach links schaute, entging ihm ein wichtiges Detail, nämlich dass er der einzige war, der bei diesem Wettlauf rannte. In Unternehmen zeigt sich des Öfteren ein weiteres erstaunliches Phänomen. Wenn Vorstände von Planungszeitraum zu Planungszeitraum die Marschroute neu feststecken, Manager diese Ziele operationalisieren und die daraus resultierenden Aufgaben dann an ihre Mitarbeiter delegieren, kann man beobachten, dass längst nicht mehr alle Hasen in ihrer jeweiligen Ackerfurche Gas geben. Manche bleiben einfach sitzen, andere hoppeln querfeldein. Und das trotz – oder gerade aufgrund der – fixierten Zielvorgaben. Warum wohl?

Für den Grimmschen Hasen war die Sache einfach. Er wollte unbedingt als Gewinner durchs Ziel laufen und sein Ego trieb ihn unerbittlich an. Während der eigene Wille der stärkste Antriebsfaktor überhaupt ist, sind es die von außen aufgestellten Ziele in der Regel keineswegs immer. Die Gallup-Studie legt das schonungslos offen: Obwohl viele Unternehmen nach dem MbO-Prinzip arbeiten, reagieren inzwischen neun von zehn (!) Mitarbeitern mit Verweigerung und subtilem Boykott.

Nun, Druck erzeugt eben immer Gegendruck. Wenn Manager zu viel fordern und zu wenig fördern, zu viele Vorgaben machen und zu wenige Freiräume lassen, tritt der Fluss über seine Ufer und Zielvorgaben werden zur Makulatur. Eine Studie der Management-Beratung Roland Berger zeigt eindrucksvoll: Je größer der Zwang, der gegenüber Mitarbeitern ausgeübt wird, umso niedriger der Unternehmensgewinn. Outperformer dagegen definieren ihre Ziele zwar ehrgeizig, aber realistisch. Und sie setzen auf die persönlichen Erfahrungen und die Kreativität ihrer Mitarbeiter.

Zapfen Sie den Kreativ-Pool an

Viele Firmen profitieren schon heute durch ausgeklügelte Vorschlagssysteme von den Verbesserungsideen der Mitarbeiter auf allen Hierarchieebenen. Wenn's allerdings um die Strategie geht, bleibt der Vorstand lieber unter sich. Doch auch hier gilt: mehr Köpfe = mehr Ideen. Wann haben Sie das letzte Mal mit den Ihnen unterstellten Mitarbeitern über deren Vorstellungen von der Unternehmensentwicklung gesprochen? Sie gefragt, was sie gerne verändern würden, um ihre Arbeit interessanter und damit letztendlich auch produktiver zu machen? Ein gutes Küchenteam bereitet oft einen geschmackvolleren Brei als ein einsamer Chef de Cuisine, dem vor lauter Schielen nach dem nächsten Stern die Sauce auf dem Herd anbrennt. Und viele Hirne, die ihre Ideen aus ihrer täglichen Praxis ableiten, kommen oft zu ganz neuen und spannenderen Lösungen als eine Hand voll Einzelkämpfer.

Die am Markt erfolgreichsten Unternehmen denken beim Thema Innovation nicht nur an neue Produkte, sondern an eine stetige Veränderung ihrer Betriebsabläufe. Wer versucht, Neuerungen von oben nach unten durchzudrücken, wird sich durch manche

Ackerfurche zappeln müssen. Mitarbeiter, die bei der Definition ihrer Ziele aktiv mitmachen dürfen, werden dagegen von selbst zum Hasen und laufen gerne los.

Einen weiteren Vorteil gibt es quasi als Gratisbeigabe: Durch die kooperative Zielentwicklung entsteht eine *gemeinsame* Vision. Und einen besseren Motivationsfaktor gibt es nicht, denn erst wenn Mitarbeiter wirklich einen Sinn erkennen können in dem, was sie tun, sind sie auch in der Lage, vollen Einsatz zu bringen.

> *Mein Job ist weniger die Kontrolle als vielmehr die Ermutigung und die Übergabe von Macht an Leute mit Träumen und Visionen.*

Das sagt der „härteste Manager der Welt" (so die Financial Times) Jack Welch, der als Präsident von General Electric Unternehmensgeschichte schrieb. Glauben Sie also niemals, Sie müssten jeden Job alleine machen.

Eines müssen Sie dagegen alleine haben: Mut. Nicht nur, wenn es darum geht, Ihre Mitarbeiter mit deren Vorstellungen ernst zu nehmen, sondern auch, wenn Sie Skeptiker, die Ihre Vorstöße als Spinnerei abtun, überzeugen wollen. Denn Visionäre werden in Deutschland gerne zum Arzt geschickt und als Störenfriede gebrandmarkt. Auch Fredmund Malik, einer der wenigen international renommierten europäischen Management-Consultants und Professor an der Elite-Universität St. Gallen, ist ihnen gegenüber eher skeptisch:

> *Eines der dominierenden Modewörter der vergangenen Jahre ist „Vision". Es hat viel Schaden angerichtet. Denn die Visionsmode hat Persönlichkeitstypen Aufmerksamkeit und Anerkennung verschafft, die früher in Unternehmen keine Chance gehabt hätten: dem Bluffer und Angeber, dem Träumer und dem Scharlatan.*

Diese Kritik am Visionär kann man mit Fug und Recht als „provokationsgeil" beschreiben. Beschreibt sie doch nur eine Seite der Medaille und lässt unberücksichtigt, dass es bekanntlich auf der anderen Seite auch nichts bringt, wenn man den nackten Pragmatismus walten lässt.

„Management à la Has'n'Igel" beginnt deshalb bewusst bei der Vision, denn sie ist eine Voraussetzung für Sinngebung, ohne die Mitarbeiter nicht wirklich zu Höchstleistungen zu motivieren sind, durch die sie aber sogar Erstaunliches zum Unternehmenserfolg beitragen können. Wenn die Unternehmensperspektive ausschließlich aus spröden Zahlenspielen besteht, entstehen natürlich auch spröde Zielvorgaben. Verabschieden Sie sich deshalb konsequent vom mühevollen linearen Denken à la „XX Prozent Gewinnsteigerung = Erfolg" und entdecken Sie neue Pfade über die von den Zahlentüftlern bereits ausgetretenen Wege hinaus (oder sollten wir besser sagen Ackerfurchen?).

Wie aber kommt man zu einer ordentlichen Vision? In vielen Indianerstämmen war es für die jungen Männer vor ihrem Eintritt in die Erwachsenenwelt üblich, einige Tage oder Wochen in der Wildnis zu verbringen, um herauszufinden, was ihre besondere Lebensaufgabe ist. Ohne einen solchen Blick in die „Tiefen der eigenen Seele" war ihr Leben sinnlos, denn die Aneinanderreihung mechanischer Tätigkeiten galt in der Welt der Indianer nichts. Erst in der Verbindung von Herz und Verstand, im Schöpfen aus den tiefsten inneren Ressourcen entfaltet sich wirkliches Menschsein.

Haben Sie sich schon einmal gefragt, was Ihre Lebensaufgabe ist? Was befähigt Sie dazu, Häuptling oder Medizinmann zu sein? Was ist Ihre persönliche „Unique Selling Proposition", mit der Sie Ihrem Unternehmen und Ihren Mitarbeitern am besten dienen können? Achtung! Wahrscheinlich kommen Ihnen als erstes die typischen Hasen-Qualitäten in den Sinn. Sie sind vielleicht ein Meister des Marketings oder hatten schon immer ein Händchen für Risikoanalysen. Das ist wunderbar, aber längst noch nicht alles. Was kann und will Ihr innerer Igel? Möglicherweise sind Sie sehr einfühlsam und erkennen sofort, wenn irgendwo der Abteilungssegen schief hängt. Oder Sie schaffen es, auch wenn gerade alle Hecken gleichzeitig brennen, einen kühlen Kopf zu bewahren und die eigentlichen Herausforderungen der Situation nicht aus den Augen zu verlieren. Diese inneren Qualitäten, die die meisten Unternehmen zwar gerne als die unabdingbaren Soft Skills beschwören, aber nur selten beim Gehaltspoker oder bei Beförderungsverhandlungen als Maß nehmen, sind es, die dem Hasen die Form von Intelligenz verleihen, um nicht nur blöde weiter zu rennen, um sein Ziel zu erreichen, sondern dabei neue, einfache, clevere Mittel und Wege zu finden.

Auf diese Weise können Sie schon viel dazu beitragen, in Ihr Business einen natürlichen Flow zu bringen. Doch ist natürlich auch das „Management à la Has'n'Igel" nicht vor Hürden, Problemen und sonstigen Unwägbarkeiten gefeit. Der Hase kümmert sich nicht darum, ob auf dem Acker Steine im Weg liegen. Selbst wenn sich ein riesiger Felsblock vor ihm auftut, nimmt er den geraden Weg. Er klettert, kriecht und schnauft, weicht aber nicht aus der Furche, in der er das Rennen begonnen hat.

Wenn Sie zäh genug sind, kommen Sie eventuell auf diese Weise auch ans Ziel. Ein Blick auf die ernüchternde Statistik sei allerdings erlaubt: 40 bis 60 Prozent aller Unternehmensprojekte scheitern. Warum? Weil niemals ein Ziel in der Praxis auf die einmal im Plan erdachte Art und Weise erreicht wird. Wenn dann die Hasen sich an Widerständen abarbeiten, sich immer noch mehr Mühe geben, um dann auf halber Strecke erschöpft liegen zu bleiben, ist viel wertvolle Energie verloren gegangen. Diese Vorgehensweise ist auf Dauer nicht nur anstrengend, sondern macht auch nicht sonderlich viel Spaß. Jeder weiß, eine Sache, an der wir keine Freude haben, können wir nicht wirklich gut machen. Was würde ein guter Igel stattdessen tun? Nun, sich zurücklehnen, um aus der Distanz herauszufinden, wie er das Beste aus der Situation machen kann. Das ist oft schwerer, als es scheint. Rastloses Handeln hat den Vorteil, dass wir ein Stück weit vor den Bedrängnissen einer Situation fliehen können. Wir steigern uns in einen Aktionismus hinein und lenken uns so davon ab, bisher getroffene Entscheidungen vielleicht in Frage stellen zu müssen.

„In Zeiten steten Wandels gibt es keine endgültigen Glaubenssätze", sagt etwa Burkhard Schwenker, Sprecher von Roland Berger Strategy Consultants. Die Lösung liefert er gleich mit: Transformation. Und die fängt innen an. Machen Sie sich einfach einmal frei von der Vorstellung, Probleme immer sofort lösen zu müssen. Hindernisse sind nämlich immer Markierungen für einen neuen Weg. Räumen Sie Steine deshalb nicht einfach beiseite, sondern gehen Sie vielleicht einmal drum herum. Das spart Kraft und führt oft zu überraschenden neuen Lösungen. Das glauben Sie nicht? Vielleicht überzeugt Sie ein Beispiel.

Mit Igel-Methoden zum Erfolg

Stellen Sie sich vor, Sie wollen Gewürzgurken verkaufen. Richtige Freude kommt da nicht auf, denn die Gewinnmargen sind im Lebensmittelgeschäft ohnehin nicht sonderlich groß, Discounter drücken erbarmungslos die Preise und die Konkurrenz hat genau das gleiche Produkt wie Sie. Selbst mit einer teuren Marketingkampagne können Sie Ihren Gurken nur schwer so etwas wie Sex-Appeal verleihen. Was machen Sie also?

Nach dem „Steine-aus-dem-Weg"-Prinzip könnten Sie einfach billigere Gurken in Ihre Gläser packen und die Konkurrenz über niedrigere Preise ausstechen. Sie können mit den Discountern einen Deal machen, damit Ihre Gurken besser platziert werden. Dann steigt zwar vielleicht der Absatz, aber ein solches Arrangement kostet Sie auch eine Stange Geld. Wirklich Erfolg versprechend sind beide Methoden nicht.

Der kluge Igel hat eine andere Idee. Er sucht sich die größten und schönsten Gewürzgurken heraus, verpackt sie einzeln (!) in schicke Dosen mit Ringverschluss und beliefert damit Tankstellen und Fitnessstudios. So wird aus dem Ladenhüter Gewürzgurke ein schicker „Wellness-Snack". Der ehemalige Volkseigene Betrieb

Spreewaldhof hat das genau so gemacht. Und verkauft seine Gurken jetzt für 1,50 Euro – natürlich pro Stück, auch bei den Discountern.

Und noch eine Idee: Da der Igel nicht laufen mag, bleibt er einfach still sitzen. In der Praxis geht das so: Nehmen wir einmal an, Sie wollen Backwaren mit Nüssen verkaufen. Die Ernte war dieses Jahr aber schlecht. Es gibt nur wenige gute Nüsse auf dem Markt und die sind sehr teuer. Der Hase hätte schnell eine Lösung parat. Er erhöht einfach selbst die Preise. Oder verwendet Nüsse geringerer Qualität. Beide Möglichkeiten lösen vordergründig das Problem – die Kunden freut's hingegen nicht.

Der Igel hingegen verzichtet einfach auf die Nüsse. Den Gewinnrückgang in diesem Geschäftsbereich nimmt er dabei hin – er ist ihm lieber, als dass seine Kunden auch das Vertrauen in seine übrigen Produkte verlieren. Der Backmischungshersteller Kathi, die Nummer 2 am Markt, hat das genau so gemacht. Und seine Marktposition behauptet.

Es ist doch nichts Neues: die Halbwertszeit von Zielen sinkt mit dem wachsenden Komplexitätsdruck der Wirtschaftswelt stetig. Der Hase ist es gewohnt, geradeaus zu rennen. Gefragt ist allerdings in der heutigen Zeit ein flexibler Zickzackkurs. Eine lebendige Vision, die sich permanent den äußeren Erfordernissen anpasst, stetige Veränderungsbereitschaft und der Mut, sich einzugestehen, dass man nicht alle Entwicklungen in der Hand hat, sind die Voraussetzung, um immer wieder aus dem Moment heraus neue Entscheidungen zu treffen. Die japanischen Samurai nannten das die „Lektion des Platzregens":

> *Ein Mann, der unterwegs von plötzlichem Regen überrascht wird, rennt die Straße hinunter, um nicht nass und durchtränkt zu werden. Wenn man es aber einmal als natürlich hinnimmt, im Regen nass zu werden, kann man mit unbewegtem Geist bis auf die Haut durchnässt werden.*

Es geht also nicht darum, aus einer sicheren Position heraus absehbaren Erfolg zu haben, sondern Unsicherheiten auszuhalten und sich von ihnen sogar anspornen zu lassen. Von Familienunternehmen können die Großen hier noch eine Menge lernen. Eine langfristige positive Orientierung und die Zuversicht, die eigenen Ziele letztlich immer zu erreichen, sind das Geheimnis des Erfolgs. Firmen, die von Einzeleigentümern oder Familien geführt werden, haben nämlich im Gegensatz zu vielen anonymen Großkonzernen noch ein Gesicht. Der Geist des jeweiligen Unternehmers ist hier oft die Vision und nährt die Identifikation der Mitarbeiter.

Der Globalisierungstrend der letzten Jahre hat für viele Unternehmen große Wachstumsmöglichkeiten eröffnet, doch darüber gerät leider in zahlreichen Führungsetagen in Vergessenheit, dass es die Verbundenheit im Kleinen ist, aus der ein Betrieb seine Stärke bezieht. Gerade in Zeiten des rasanten Wandels kann eine im Führungsalltag konkret gelebte wechselseitige Verbundenheit mit der Mitarbeiterschaft Veränderungsbereitschaft fördern, weil sie zugleich Sicherheit vermittelt. Permanenter Druck dagegen fördert nur eins, die Desidentifikation.

Gerade Deutschlands Familienunternehmen behaupten sich extrem erfolgreich auf dem internationalen Parkett, denn kein anderes Land stellt in diesem Segment so viele Weltmarktführer. Der Aktienindex Gex, der die von Unternehmerfamilien geführten Firmen listet, stieg gerade in Krisenzeiten deutlich höher als der Dax.

Lassen Sie die Zügel einfach mal locker

Viele Manager tun sich unglaublich schwer damit, ihren Mitarbeitern Freiräume zuzugestehen. Der Grund: die eigene Angst davor, die Dinge nicht mehr im Griff zu haben. Je mehr Fragen und Herausforderungen sich im Führungsalltag stellen, umso schwieriger wird es jedoch, alles unter Kontrolle zu behalten. Wechseln Sie doch einfach einmal die Perspektive. Der Igel im Märchen war insofern mutig, dass er seiner Einschätzung der Situation traute. Der Hase war einfach zu erfolgsgeil, um den Trick zu durchschauen.

Erkennen Sie also die Igel-Qualitäten Ihrer Mitarbeiter und machen Sie sich das Leben leichter. Je mehr Freiheit auf den einzelnen Hierarchieebenen eines Unternehmens herrscht, umso besser und schneller lassen sich akute Probleme bewältigen, da jeder sein persönliches Potenzial ohne bremsende Reibungsverluste einbringen kann.

Unternehmen, die versuchen, aus ihren Mitarbeitern auch noch das letzte Quäntchen Energie herauszupressen, fahren dagegen meist schlecht. Denn wenn das Management zum Feind wird, wird das Arbeitsverhältnis zur Dauerfehde. Die Folgen lassen sich sogar in Zahlen messen. So stellte die Beratungsgesellschaft Accenture bei der Untersuchung der Flächenproduktivität von Drogerien fest, dass Götz Werner, der es so richtig menscheln lässt und sein Unternehmen nach anthroposophischen Gesichtspunkten führt, mit der Drogeriekette DM pro Quadratmeter fast dreimal so hohe Umsätze macht wie der größere Konkurrent Schlecker, der einen eher rüden Führungsstil walten lässt.

Fördern Sie den Spirit Ihres Unternehmens

Der Geist eines Unternehmens sagt mehr als die beste Marketingkampagne. Fragen Sie sich doch einmal, was die wichtigsten einigenden Vorstellungen über Ihr Unternehmen sind. Worauf sind Sie und Ihre Mitarbeiter gemeinsam besonders stolz? Welche Ihrer Produkte sind richtig klasse?

VW gelang es beispielsweise einst, mit dem „Volkswagen" Automobilgeschichte zu schreiben. Das Beispiel war so nachhaltig und inspirierend, dass der Begriff von anderen Branchen sogar übernommen wurde und beispielsweise Discounter preisgünstige Computer als „Volks-PC" bewarben. Auch der als Spaßauto vor allem von jüngeren Kunden geschätzte New Beetle knüpft erfolgreich an den einstigen Spirit des Unternehmens an. In genau dieser „Bodenständigkeit", die Qualität mit einem guten Preis verbindet, liegt die Stärke des Autobauers, auf die er sich zurückbesinnen könnte, um der anhaltenden Krise zu trotzen.

Unternehmen müssen nicht unbedingt bis in alle Ewigkeit an einmal Erfolgreichem festhalten. Doch wenn sie ihre Palette erweitern wollen, ist mehr erforderlich als ein paar neue Produkte. Wer seine Ziele aus der bisherigen Firmenidentität heraus systemisch erweitert, hat damit oft Erfolg. Der Elektronikkonzern Philips beispielsweise expandiert systematisch in Marktsegmente wie Lichttechnologie oder Health & Wellness, die leicht mit der bisherigen Firmenstrategie verbunden werden können. Die auf diese Weise neu eingeführten Produkte machen bereits ein Drittel des Unternehmensumsatzes aus.

Oder nehmen Sie den Anlagenbauer Lurgi, der auf langjährige Expertise in der Herstellung von Kunststoffen aus Gasen zurückgreifen kann. Der Weg vom Gas zum Treibstoff ist aus Igel-Sicht nicht weit und so ist Lurgi inzwischen in die Produktion von Biodiesel-Anlagen eingestiegen, ein Marktsegment, dessen Chancen sich gegenwärtig erst erahnen lassen.

Die Möglichkeit eines Scheiterns sollte dabei nicht zum Angstfaktor werden, sondern zum Antrieb, um nach neuen Auswegen zu suchen. So wie in der Geschichte vom Prinzen, der sich in einem großen Wald verlaufen hatte, die der Geschichtenerzähler Joel ben Izzy gerne zum Besten gibt:

Ein Prinz hatte sich in einem großen Wald verlaufen und irrte bereits seit Tagen hilflos umher. Als er schon sämtliche Hoffnungen aufgegeben hatte, jemals wieder zurück zu seinem Schloss zu finden, erblickte er einen sehr alten Mann.
„Gott sei Dank habe ich Sie gefunden“, sagte der Prinz und rannte ihm entgegen. „Ich komme hier nicht wieder heraus. Ich bin nun schon seit drei Tagen in diesem Wald!“
„Drei Tage?“, lachte der alte Mann. „Ich sitze hier schon seit drei Jahren fest!“
Der Prinz war enttäuscht. „Dann können Sie mir also auch nicht weiterhelfen“, sagte er.
„Hm“, sagte der alte Mann. „Da täuschst Du dich gewaltig.

Ich habe zwar keine Ahnung, welcher Pfad uns aus dem Wald hinausführt, aber ich kenne mittlerweile hunderte, die uns mit Sicherheit nicht herausführen. Komm, zusammen finden wir hier schon wieder raus."

Es sind nicht die auf Dauer ermüdenden Sprints, mit denen Unternehmen sich an der Spitze halten, sondern ihr Spirit. Denn der „gute Geist" eines Unternehmens ist es vor allem, der im Angesicht von Herausforderungen Kräfte mobilisiert und das erfolgreiche Zusammenspiel der Beteiligten garantiert.

EXPERIMENT

Spannung, Action, Happy End – Machen Sie Geschichte

Finden Sie die Story, die Ihr Unternehmen zusammenhält

Bevor Sie zum nächsten Ziel losrennen, dürfen Sie sich eine kleine Verschnaufpause gönnen. Die Übung ist ganz einfach: Erzählen Sie einem 14-Jährigen die Story Ihres Unternehmens. Nicht die langweilige Auflistung von Daten und Fakten aus dem letzten Geschäftsbericht, auf keinen Fall! Was Sie brauchen, um Ihren Zuhörer so richtig zu begeistern, ist Spannung! Action! Und natürlich ein Happy End!

Überlegen Sie doch mal: Was ist es, was Sie jeden Morgen wieder aus dem Bett und an Ihren Schreibtisch treibt? (Wenn Ihnen jetzt nur noch Ihr Gehalt als Triebfeder einfällt, wird die Story wohl kein Happy End haben ...) Also, auf welche Errungenschaften in Ihrer Firma sind Sie besonders stolz? Was macht bei Ihnen so richtig Spaß? Vielleicht ist Ihre Entwicklungsabteilung der Konkurrenz immer zwei Schritte voraus. Oder Ihr Customer-Relationship-Management ist so gut, dass Ihre Kunden selten einen Grund zur Beschwerde haben. Das alles sind Qualitäten, aus denen der Held Ihrer Story – nämlich Ihr Unternehmen – seinen Charme und seine Überzeugungskraft gewinnt.

Entdecken Sie die Quelle der Begeisterung

Nun kommen Sie zu den Herausforderungen, denn ein Held, der Gefahren nicht mutig bezwingt, ist schließlich kein richtiger Held. Welche Probleme hat Ihre Mannschaft voller Tatkraft in der letzten Zeit gemeistert? Wie hat sie das geschafft? Denken Sie daran, hier müssen Sie etwas zu bieten haben, denn sonst schnappt sich Ihr Zuhörer gelangweilt seinen Game Boy und zieht von dannen. Was ist es also, das Ihre Mitarbeiter zusammen durch dick und dünn gehen lässt? Wann krempeln sie die Ärmel hoch und packen einfach an?

Vielleicht werden Sie länger nachdenken müssen, weil Ihnen spontan nichts wirklich Spannendes einfällt. Das macht überhaupt nichts, denn dann ist dies die beste Gelegenheit, um mit Ihren Mitarbeitern einen Prozess des „Story-Findings" zu beginnen. Fragen Sie sie einfach, was sie selbst zu der Geschichte beigetragen haben. Laden Sie dazu am besten Ihre ganze Abteilung zu einem Storytelling-Meeting ein und entwickeln Sie gemeinsam mit Ihren Mitarbeitern genau die Geschichte, in der alle (!) gerne mitspielen würden.

Jede Kultur, jedes Volk hat seinen eigenen Mythos, durch den alle, die dazu gehören, miteinander verbunden sind. Das erzeugt Identität und liefert die Kraft, Probleme gemeinsam zu lösen. Der deutsche Mythos vom Volk der Dichter und Denker war so etwas. Die Geschichten, die früher nachts am Lagerfeuer erzählt wurden, gaben Kraft und stärkten das Antriebspotenzial.

Wenn die Geschichte Ihrer Firma bei Ihren Mitarbeitern jedoch eine weitgehend andere ist als die, die Sie selbst gerne erzählen (möchten), dann ist es höchste Zeit zu handeln. Nutzen Sie die Chance und werden wieder zum Häuptling, der mit einer richtig guten Geschichte begeistern kann.

III. Kraftvoll und flexibel agieren

Hasen-Syndrom: ***Ziel-Fixierung***

Regeln, Pläne und Konventionen sind etwas Wunderbares, erleichtern sie doch die Navigation in einer überkomplexen Welt erheblich. Betrachten Sie die Kartographie Ihres Alltagsgeschäfts einmal neu, am besten als Anhaltspunkt und nicht als unumstößliches Gesetz. Kolumbus wollte nach Indien und entdeckte dabei Amerika. Ihr Elan für Ihr Business ist ein perfekter Antrieb. Ihre Fragen oder auch Zweifel können das allerdings auch sein, nämlich als hilfreiche Wegweiser, die Dinge einfach mal anders, vielleicht noch erfolgsträchtiger, anzugehen.

Sicher haben Sie inzwischen entdeckt, dass die heutige Managementwelt fast völlig von den Eigenschaften des Hasen geprägt ist. Die Tragik: Mit all seinen speziellen Fähigkeiten ist dieser Typ Hase nicht wirklich ein Siegertyp. Im Kurzsprint ist er nur schwer zu schlagen. Die Langstrecke jedoch ist nicht sein Ding. Nur, er weiß es nicht und verschätzt sich dadurch tödlich. Und so kann seine weitere große Fähigkeit, nämlich sich mit Leib und Seele einer Aufgabe zu widmen, gar nicht erst zur Geltung kommen. Schade. Denn ohne dieses Talent wird niemand auf Dauer etwas bewegen. Die Kraft und Stärke, mit der der Hase zur Tat schreitet, entfaltet ihre beste Wirkung gerade dann, wenn sie nicht blind auf ein Ziel fixiert ist, sondern sich einen weiten Blick bewahrt. Nur, wer in der Lage ist, sein Ziel immer wieder aufs Neue entsprechend der sich stetig wandelnden Herausforderungen zu modifizieren, wird längerfristig auch auf das richtige Ziel zulaufen. Nietzsche sagte einmal:

> *In Wahrheit heißt etwas wollen, ein Experiment machen, um zu erfahren, was wir können; darüber kann uns allein der Erfolg oder Misserfolg belehren.*

Der Wille allein ist also ein wichtiges Antriebsmoment, doch führt er nicht automatisch zum Erfolg. Genau an dieser Stelle kommt wieder die Igel-Qualität ins Spiel. Falls Sie sich bisher an der „Faule Socke"-Mentalität unseres Stachelfreundes, der putzmunter dasitzt und seinem Konkurrenten schlicht dabei zusieht, wie dieser sich gnadenlos zu Tode hetzt, gestört haben, kommt jetzt der Moment der Genugtuung. Mit Rumhocken allein kommen Sie nämlich in der Tat in den wenigsten Fällen wirklich weiter. Doch wenn Sie sich ab und an in Igel-Manier für ein Päuschen am Ackerrand niederlassen und überprüfen, ob Sie noch in die richtige Richtung flitzen, können Sie viel gewinnen.

So nutzen Sie die Komplexität einer Aufgabe

Viele Manager glauben, wenn sie ein Ziel einmal definiert haben, ist es schon so gut wie erreicht. Realistisch betrachtet fangen jedoch die Herausforderungen gerade dann erst an. An wie vielen Schräubchen müssen Sie drehen, wenn Sie ein neues Produkt auf den Markt bringen wollen? Wie viele große und kleine Veränderungen müssen Sie anstoßen, wenn Sie einen Prozess in Ihrem Unternehmen neu ausrichten wollen? Richtig, die Komplexität der Aufgabe ist fast immer überwältigend. Die Kunst des „Management à la Has'n'Igel" ist es, sich nicht in der Vielgestaltigkeit der Dinge zu verlieren, sondern im Gegenteil, sie als Trittsteine zum Erfolg zu nutzen.

Am besten, Sie betrachten Ihr Ziel eher als eine übergeordnete Vision. Wahrscheinlich werden Sie es nie zu hundert Prozent erreichen. Das heißt nun nicht, dass Sie gleich bei jedem noch so kleinen Widerstand Abstriche machen. Denn das hilft Ihnen natürlich auch nicht weiter. Es heißt aber, Ziel, Möglichkeiten und Schwierigkeiten stetig aufs Neue auszubalancieren. Eine wichtige Voraussetzung, um dieser Aufgabe gerecht zu werden, ist das richtige Hinschauen. Denn nur, wer die Dinge so sieht, wie sie tatsächlich sind, kann auch angemessen mit ihnen umgehen. Das größte Hindernis dafür ist unser Know-how. Wir wissen oft einfach zu viel. Wir kennen alle Probleme und Schwierigkeiten, wissen genau, was geht und was nicht. Das macht starr.

Wenn Sie beispielsweise ein neues Produkt auf den Markt bringen wollen und Sie in der Produktionsphase mit dem Problem konfrontiert werden, dass sich bestimmte Features nicht so leicht umsetzen lassen, wie ursprünglich gedacht, werden Sie am besten „weich" hinschauen müssen, um zu erkennen, was der bessere nächste Schritt ist. Wollen Sie nur möglichst schnell ans Ziel gelangen, werden Sie – so würde es vermutlich der „faule Igel" machen – einfach ein paar Funktionen streichen. Das kann eine gute Wahl sein, wenn ansonsten die Produktionskosten vielleicht explodieren und Ihr Produkt sich dadurch nicht gewinnbringend vermarkten lässt. Es könnte allerdings auch sein, dass Sie auf diese Weise zu schnell aufgeben. Die Features, die Ihnen im Augenblick Probleme bereiten, sind eventuell gerade die, die sich von den Angeboten der Konkurrenz so positiv abheben, dass Ihr Produkt mit ihnen zum Verkaufsschlager wird. Wenn Sie sich dem Problemlösungsdruck zu früh entziehen, verschenken Sie also unter Umständen eine einmalige Chance. Lassen wir noch einmal Nietzsche zu Wort kommen:

> *Viele sind hartnäckig in Bezug auf den einmal eingeschlagenen Weg, wenige in Bezug auf das Ziel.*

Als Führungskraft sind Widersprüche und Konflikte Teil Ihrer Jobbeschreibung. Mit dem im Management weit verbreiteten „straight forward" kommt ohne Zweifel Bewegung in eine Sache, allerdings nur selten eine langfristig wirklich gute Lösung. Warum ist das so? Wir alle wissen, wie gute Lösungen entstehen. Entweder ich habe spontan eine geniale Idee (was bekanntlich selten genug gelingt) oder ich lasse mir Zeit, die richtige Antwort reifen zu lassen. In Asien hat diese Vorgehensweise Tradition, und zwar so sehr, dass man selbst Jahre auf die richtige Lösung warten kann. Der Vorteil dieser Problemlösungsstrategie ist, dass sie auch unsere unbewussten Ressourcen, ja sogar das gesamte „kulturelle Wissen", mit einbezieht.

Sie kommen damit umso leichter zu recht, je mehr Sie sich mit Ihrer Aufgabe verbinden, jedoch ohne sich abhängig zu machen. Im Zen beispielsweise besteht die Kunst darin, eine Herausforderung anzunehmen, ohne auf rasche Scheinlösungen auszuweichen. Die Geschichte des Zen-Lehrers Suiwo und seines Schülers, der über einem Koan – einer dieser verrückt-paradoxen Fragestellungen wie: Zeige mir das Klatschen der einen Hand – brütete, zeigt dies anschaulich:

Der Schüler blieb drei Jahre, konnte die Aufgabe jedoch nicht bewältigen. Eines Nachts kam er tränenüberströmt zu Suiwo. „Ich muss voller Scham und Verwirrung in den Süden zurückkehren", sagte er, „denn ich kann mein Problem nicht lösen."
„Warte noch eine Woche und meditiere unablässig", riet Suiwo. Doch noch immer kam die Erleuchtung nicht über den Schüler. „Versuche es noch eine Woche lang", sagte Suiwo. Der Schüler gehorchte, doch vergebens.
„Noch eine Woche." Doch auch diese brachte keinen Erfolg. In seiner Verzweiflung bat der Schüler darum, entlassen zu werden, aber Suiwo drang auf eine weitere Meditation von fünf Tagen. Sie waren ohne Erfolg. Da sagte er: „Meditiere noch drei Tage lang, und wenn du dann die Erleuchtung nicht erlangt hast, solltest du dich lieber umbringen."
Am zweiten Tag erlangte der Schüler Erleuchtung.

Der Vorgang mutet kurios an. Wollen und Anstrengung führten über Jahre nicht zum gewünschten Ziel, doch dann, auf einmal, als alles verloren schien, öffnete sich ein Fenster. Das ist kein Zufall, denn erst in dem Moment, in dem wir mit einer Herausforderung wirklich eins werden, kann sich die Lösung manifestieren.

Das Besondere vorleben

Sie finden diese Empfehlungen widersprüchlich? Das sind sie, genau wie das Leben selbst. Deshalb wechseln wir wieder in die Praxis. Denn dort muss sich zeigen, ob die „Zen-Sicht" nicht nur für ein abgeschiedenes Klosterleben taugt. Betrachten wir deshalb einmal das Herz vieler Unternehmen, das Markenmanagement. Es ist mit Recht für viele Manager Dreh- und Angelpunkt ihrer Aktivitäten, da etwa zwei Drittel des Wertes eines Unternehmens auf seine Marken entfallen. Damit Ihre Marken wirklich erfolgreich sind, brauchen Sie nicht nur ein gutes Produkt und den passenden Claim, mit dem sie seine Besonderheiten kommunizieren können. Wenn die Marke nicht vom gesamten Unternehmen „getragen" wird, werden die Bemühungen der Marketingabteilung keinen durchschlagenden Erfolg haben. Slogans wie „Wir machen den Weg frei" oder „Make it real" suggerieren unbegrenzte Möglichkeiten. Wenn Ihre Produkte diese tatsächlich auch eröffnen, haben Sie schon viel gewonnen. Doch strahlt Ihr ganzes Unternehmen diese Botschaft ebenfalls aus? Hört man beispielsweise den Mitarbeitern an der Hotline an, dass sie wirklich bereit sind, für den Kunden alle Steine aus dem Weg zu räumen? Arbeiten Ihre Kundenberater im Geiste des Claims oder lassen sie eher den bequemen Igel heraushängen? Versteht sich Ihre Verwaltung als Möglichmacher oder erweist sie sich als Bremser?

Ihre Marke mag noch so prickelnd sein, doch wenn die Markenstory nicht im ganzen Unternehmen erfahrbar ist, geht nicht nur ein Teil der Botschaft unter, sondern der Markenwert leidet, weil über kurz oder lang alle Beteiligten spüren, Ihre Message ist vor allem heiße Luft.

Sie können nicht einfach die Markenidentität den Mitarbeitern wie ein beliebiges Konstrukt überstülpen, sondern Sie müssen zusehen, wie Sie mit der Unternehmenskultur die Marke am besten „füttern". Identität und Identifikation hängen eben eng zusammen. In vielen Unternehmen funktioniert das, ohne dass dazu umfangreiche Corporate Identity-Konzepte erarbeitet wurden. Das war auch jahrelang beim Textilpionier C&A Brenninkmeyer so. Bis man in den 90er Jahren sich selbst nicht mehr gut genug war. Da wurde dann wild herumexperimentiert – Identität hin oder her. Die große Krise kam prompt, Häuser wurden geschlossen, das Familienmanagement rotierte. Heute sind die Brenninkmeyers wieder bei sich angekommen, allerdings mit neuen Ideen, wie den Family-Outlets in Kleinstädten.

Flexibel sein bedeutet in diesem Zusammenhang, sich eine innere Offenheit für Zufälle, Fügungen und Eingebungen zu bewahren (oder überhaupt zu erschließen). Denn Intuition ist oft ein besserer Wegweiser als die übliche starre Zielplanung. Stürzen Sie sich einfach mal ins Chaos und improvisieren Sie! Das finden Sie kopflos? Der Psychologieprofessor Dietrich Dörner, der strategisches Denken in komplexen Situationen erforscht, kann Ihnen vielleicht ein wenig die Scheu nehmen:

> *Der wirklich gute Manager von Komplexität weiß natürlich, dass jede Maxime stimmt, dass aber auch die Gegenmaxime wert ist, betrachtet zu werden. Manchmal ist es vernünftig, gar nichts zu tun. Und dann wieder alle Kraft in eine Sache zu stecken. Das ist nun mal die Aufgabe des Managers: die jeweils zur richtigen Zeit richtigen Analysen und Handlungen durchzuführen und Entscheidungen zu treffen und es auch manchmal zu lassen. Umgangssprachlich kann man sagen: Mit Durchwursteln kommt man weiter.*

Den richtigen Riecher kann man nicht direkt lernen, aber er lässt sich trainieren. Würgen Sie skurril anmutende Vorschläge nicht sofort ab, sondern lassen Sie sie ruhig ein Weilchen gären und schrecken Sie auch vor Verrücktheiten nicht zurück. Das ist oft einfacher gesagt als getan, doch wenn Sie sich auf positive Abwege begeben möchten, zeigen wir Ihnen am Ende des Kapitels, wie Sie damit beginnen können.

Am Ball bleiben und dabei nicht erstarren

Unorthodoxe Ideen können zum totalen Flop werden – oder Geschichte schreiben. Letzteres tut beispielsweise die Internet-Suchmaschine Google seit ihrer Gründung vor fast zehn Jahren. Während damals zahlreiche Unternehmen ihre Suchtechnologien mit Inhaltsangeboten verknüpften, setzten die Google-Gründer Larry Page und Sergey Brin von Anfang an auf Purismus. Sie boten den Surfern die reine Suchfunktion und sonst nichts. Die Content-

Anbieter verausgabten sich, um mit Inhalten Besucher und Anzeigenkunden zu ködern, bei Google steckte man alle verfügbaren Ressourcen einzig in die Verbesserung der Suchtechnologie. Die Rechnung ging auf. Heute bietet Google auch Bildarchive und einen News-Dienst an – indem die Inhalte anderer Anbieter geschickt durchforstet werden (inzwischen auf mehr als acht Milliarden Webseiten). „Googeln" ist längst zum geflügelten Ausdruck geworden und die Company hat ihre Konkurrenz weit hinter sich gelassen – nicht nur bei den Suchergebnissen, auch bei den Werbeeinnahmen.

Die Werbeeinnahmen waren für Google vor dem Börsengang die hauptsächliche Einnahmequelle, aus der die weitere Entwicklung des Unternehmens finanziert wurde. Vor allem Mittelständler tun sich dagegen regelmäßig schwer, weiteres Wachstum aus eigener Tasche zu finanzieren. Wenn die Banken sich dann mal wieder quer stellen, braucht es schon Durchhaltevermögen, um die eigene Vision umzusetzen. Und eine große Identifikation mit der eigenen Idee. Christoph Pauly ist so jemand. Sie werden Ihn wahrscheinlich nicht kennen, haben aber bestimmt schon einmal die Kekse, Waffeln und Schokoriegel gegessen, die er als Pauly Biskuit für große Markenartikler wie Ferrero, Storck, Milka oder Schneekoppe herstellt. „Ich stehe morgens auf und lebe Keks", sagt Pauly und meint das vollkommen ernst. Als die Banken ihm für die weitere Expansion seiner Keksfabriken keinen neuen Kredit bewilligen wollten, ging er mit einer Inhaberschuldverschreibung neue Wege. Seine Anleger sucht er damit vor allem unter Kunden und Lieferanten. So kommt er nicht nur an das nötige Kapital, sondern bindet seine Geschäftspartner zugleich stärker an sein Unternehmen.

Bleiben wir noch ein bisschen bei Süßem. Mögen Sie Käsekuchen? Ueli Prager liebt ihn. Deshalb war es für den Mövenpick-Gründer immer völlig klar, dass in jedem seiner Restaurants der Kuchen auf die Karte gehört. Der für Mövenpick Hannover zuständige Manager versuchte also, den Norddeutschen den Quark auf Mürbeteig schmackhaft zu machen. Als die Hannoveraner aber nicht anbissen, verschwand der Käsekuchen schließlich aus der Kuchentheke. Bis Ueli Prager zur Visite kam. „Kein Käsekuchen? Niemals!", so die Devise des Schweizers. Also doch wieder Käsekuchen in Hannover. Die Mövenpick-Gäste widerstanden nur noch drei Monate. Heute ist der Käsekuchen auch bei ihnen ein Renner.

Die Beispiele haben dreierlei gemeinsam: eine Vision, Identifikation und Kontinuität. Unternehmerisches Geschick zeichnet sich dadurch aus, ein Gespür dafür zu entwickeln, wann es die Beharrlichkeit ist, die einen weiter bringt, und wann eher ein Kurswechsel erforderlich ist. Wir kommen auf diesen Punkt noch zurück.

Ein Gespür für das, was geht, hatten auch die amerikanischen Jungunternehmer Eric Ryan und Adam Lowry, die sich von einem Bummel durch den Supermarkt inspirieren ließen. Wo andere Hersteller sich an den niedrigen Margen bei Billig-Geschirrspülmitteln und Reinigungsprodukten die Zähne ausbissen, schafften der Designer und der Chemiker mit einer pfiffigen Idee völlig neue Perspektiven. Sie entwarfen Flaschen in schickem, farbenfrohem Design und füllten Sie mit preiswerter Seifenlauge. So werden aus Geschirrspülmittel, Handwaschlotionen und Haushaltsreinigern Lifestyle-Produkte. Der Gewinn liegt auf der Hand: Wer das Spüli von Method im frisch orangenen Designergewand in den Einkaufswagen legt, zahlt dafür an der Kasse fünf Dollar.

Ideen wie diese können Sie kaum im Sauseschritt entwickeln. Sie brauchen dafür Zeit, Selbstdistanz und die Kraft der Intuition. Die schöpferische Besinnung allein wird Sie jedoch nicht zum Erfolg führen, denn irgendwann müssen auch Sie losrennen.

Wenn der Hase an die Wand rennt oder der Igel schläft

Sie haben es bereits bemerkt; so ganz ohne den Hasen werden Sie kaum vom Fleck kommen. Wenn Sie ihn jedoch überstrapazieren, rennen Sie nur allzu leicht in eine Sackgasse. So wie Ex-Bertelsmann-Vorstand Thomas Middelhoff, der mit seinen Börsenplänen den erbitterten Widerstand des Bertelsmann-Patriarchen herausforderte und darüber seinen Job verlor. Middelhoff hat allerdings dazugelernt und anscheinend seinen inneren Igel inzwischen entdeckt. Als Vorstandschef von KarstadtQuelle läuft er nämlich in gemäßigterem Tempo in die entgegengesetzte Richtung und bereitet den Rückzug des Unternehmens von der Börse vor. Ungemütlich wird es für den Hasen immer dann, wenn er nicht mehr im Einklang mit einer Situation agiert, sich also verausgabt und/oder gar in die falsche Richtung spurtet.

Schnell gerannt ist auch Josef Ackermann. Der Chef der Deutschen Bank ist in Deutschland längst zum Lieblings-Buhmann der Kapitalismuskritiker geworden. Wie unterschiedlich die Einschätzung aus einer anderen Perspektive sein kann, zeigen unsere britischen Nachbarn. Eine angesehene Londoner Fachzeitschrift kürte die Deutsche Bank – bereits zum zweiten Mal – zur „Bank des Jahres". Auch der Titel „Asia Bank of the Year" ging an das Geldinstitut. Und das aus gutem Grund. Ackermann erreichte nämlich nicht nur sein überaus ehrgeiziges Ziel, die Eigenkapitalrendite wieder in die Höhe zu hieven, sondern er steuerte auch das einst als unrentabel eingestufte Privatkundengeschäft wieder auf Gewinnkurs.

Hier sehen wir, Erfolg ist eine relative Größe. Der Deutsche Bank-Chef war deshalb so „erfolgreich", weil er sich auf genau ein Ziel fixiert hat. Ohne wenn und aber. Hier liegt andererseits auch seine Schwäche, denn – wie wir bereits am Beispiel der Drogerien gesehen haben – wer die Herzen seiner Mitarbeiter erobert, macht noch viel höhere Gewinne. Und das nicht nur in finanzieller Hinsicht.

Einseitigkeit und Fixierungen lassen viele Unternehmen erstarren. Sie leben nicht mehr wirklich. Denn Leben heißt, dass es kein Richtig und Falsch gibt, sondern nur ein stetes Ausprobieren. Da die Bedingungen sich permanent ändern, kann eine gestern erfolgreiche Strategie heute schon nicht mehr funktionieren. Und genau diese Unwägbarkeiten müssen Sie nur aushalten, besser noch, Sie nutzen Sie für Ihre Ziele. Das ist schon alles.

Ein Blick auf die Deutsche Börse zeigt, dass auf und ab, hin und her quasi das Kerngeschäft sind. Für Ex-Chef Werner Seiffert wurde die geplante feindliche Übernahme der London Stock Exchange zur Niederlage, da er die Qualität der Zeit und der Umstände nicht erkannte. Vermutlich lag er nicht grundsätzlich falsch mit seinen Plänen und hätte sicherlich mit ein bisschen mehr Igel-Feeling und etwas längerem Atem seine Pläne verwirklichen können. Denn: Kaum hatten die Hedgefonds ihn gnadenlos demontiert, ging das Pokerspiel um Übernahmen und Fusionen an den weltweiten Börsenplätzen munter weiter.

Bei so viel Wirbel kommt der Igel nicht weiter. Was also tun? Wieder rennen oder doch lieber sitzen bleiben? Typische Sitzenbleiber gibt es in der Wirtschaft natürlich auch zuhauf. Kammern, Berufsgenossenschaften und Verbände sind bisweilen stachelig wie Igel, wenn sie – natürlich im Kampf für die Interessen ihrer Mitglieder – mit Eingaben, Vorgaben und Regularien viel Papier bewegen, aber wenig Konstruktives erreichen. Aus dem munteren „Ich bin schon da" des Märchen-Igels wird dann nur allzu leicht ein „Ich bewege mich auf keinen Fall", ein stures Aussitzen, das lähmt.

Das Business ist mal mehr Hase, mal mehr Igel und sehr oft beides zugleich. In diesem Moment kann das eine richtig sein, im nächsten schon das andere. Und deshalb gibt es kein einfaches Rezept für Unfehlbarkeit. Das Einzige, was Sie tun können, ist, sich immer wieder mit der Qualität des Augenblicks zu verbinden und dabei zu erfahren, wie die Dinge wirklich sind.

EXPERIMENT

Stromern und ankommen

► *Gehen Sie absichtslos auf Entdeckungsreise*

Wann haben Sie Ihren letzten Ausflug „ins Blaue" gemacht? Dank Internet und Routenplaner sind diese Kurztripps ins Ungewisse etwas aus der Mode gekommen. Doch sie stecken voller Erlebnisse und oft auch tieferer Einsichten. Probieren Sie's aus! Fahren Sie am Wochenende mal in die Natur – falls Sie nicht ohnehin im Grünen wohnen. Sie brauchen keine Vorplanungen, nur ein paar bequeme Schuhe. Gehen Sie einfach los, ohne darüber nachzudenken, wohin Sie der Weg führen wird. Sie können auch die S-Bahn benutzen und ein paar Stationen weit raus fahren. Aber schauen Sie nicht vorher in den Fahrplan. Nehmen Sie einfach den ersten Zug, der kommt.

Da Sie wahrscheinlich selten ohne Ziele und Absichten unterwegs sind, werden Sie sich anfangs vielleicht ein wenig ungemütlich fühlen. Das macht nichts und vergeht, wenn Sie sich einfach mit all den neuen Eindrücken, die Sie nun machen können, beschäftigen. Schauen Sie sich einfach um. Finden Sie Ihren ganz persönlichen Weg.

► *Lassen Sie die Ideen einfach kommen*

Wann haben Sie das letzte Mal Bäume, Blumen und Gräser wirklich genau betrachtet? Die Vögel und Insekten? Werden Sie einfach zum Beobachter dieses komplexen Kosmos.

Und vergessen Sie dabei nicht: Sie sind nicht auf irgendeiner Suche. Sie sind dabei, zu finden. Vielleicht entdecken Sie einen Ameisenhaufen. Dann können Sie sich vom faszinierenden Teamwork dieser kleinen Geschöpfe und ihrer durchdachten Architektur begeistern lassen. Oder Sie sehen ein Spinnennetz, indem vielleicht gerade ein Insekt, das nur einen Moment achtlos war, um sein Leben ringt.

Diese Übung folgt keinem übergeordneten Sinn oder Zweck. Und doch werden Sie, wenn Sie sich darauf einlassen, irgendwann merken, dass sich alles „richtig" anfühlt. Wenn die Sonne scheint, können Sie sich an ihren wärmenden Strahlen erfreuen. Fängt es an zu regnen, genießen Sie einfach jeden Wassertropfen auf Ihrer Haut. Wenn Ihnen das gelingt, sind Sie wirklich angekommen. Dann sehen Sie tatsächlich die Dinge, wie sie sind.

Sie sind noch skeptisch? Gut, dann nähern wir uns einmal von einer anderen Seite. Warum müssen Sie Ihre Badewanne nicht mehr mit einer Wurzelbürste und Scheuerpulver bearbeiten? Weil irgendwann ein paar pfiffige Wissenschaftler sehr lange und ausgiebig alle möglichen Blüten betrachtet haben und dabei feststellten, dass die Oberflächen der Pflanzen sich selbst reinigen können. Das war der Anfang des Lotus-Effekts. Den hat jemand entdeckt, der ohne zu suchen durch die Natur gewandert ist. Wenn Sie jetzt gleich jeden Ihrer Eindrücke sofort auf seine praktische Verwendbarkeit hin abklopfen, haben Sie das Prinzip missverstanden. Bleiben Sie lieber entspannt, wie es Rainer Maria Rilke vor über hundert Jahren dem jungen Dichter nahe legte:

„Ich möchte Sie bitten, lieber Herr, Geduld zu haben gegen alles Ungelöste in Ihrem Herzen und zu versuchen, die Fragen

selbst lieb zu haben wie verschlossene Stuben und wie Bücher, die in einer sehr fremden Sprache geschrieben sind. Forschen Sie jetzt nicht nach den Antworten, die Ihnen nicht gegeben werden können, weil Sie sie nicht leben könnten. Leben Sie jetzt die Fragen. Vielleicht leben Sie dann allmählich, ohne es zu merken, eines fernen Tages in die Antwort hinein."

Wenn wir es schaffen, trotz der Herausforderungen des Tagesgeschäfts innerlich offen zu bleiben, von Moment zu Moment, von Entscheidung zu Entscheidung, dann sind wir mit der Kraft und den Möglichkeiten einer größeren Weisheit verbunden.

IV. Have a break. In echt.

Hasen-Syndrom: ***Zeit-Druck***

Mal richtig Pause machen. Träumen Sie davon manchmal? Wenn nicht, sollten Sie sich erst recht eine Auszeit gönnen, denn dann haben Sie sie wahrscheinlich besonders nötig. Setzen Sie sich in die Zeitmaschine und heben Sie ab. Nur wer sich nicht an Maß und Methode festklammert, findet nämlich die Muse – und vielleicht noch etwas viel kostbareres, nämlich sich selbst.

Keine Zeit, keine Zeit, keine Zeit", japst der Hase und rennt seine Ackerfurche entlang. Vor Augen das nächste Ziel, die nächste Herausforderung, die nächste noch nicht gelöste Aufgabe. Im Nacken das Gleiche. Der ganz normale Wahnsinn eben. Wahrscheinlich auch Ihrer. Oder?

Die Zeit ist eines der spannendsten Phänomene überhaupt. Uhren und Terminkalender sind zu nichts anderem erfunden worden, als die Zeit in den Griff zu bekommen. Wie unbefriedigend das in der Praxis gelingt, wird jeder aus mehr oder weniger leidvoller eigener Erfahrung wissen. Warum ist das so? Weil die Zeit eben gerade keine quantitative Einheit ist, wie wir es gerne hätten – denn dann wäre sie wenigstens verlässlich. Ihre Relativität (nicht erst seit Einstein) erfahren wir alle, wenn wir beispielsweise in einem spannenden Meeting sind, bei dem zwei Stunden wie im Fluge verrinnen. Oder: Wenn sich eine Sitzung über zwei Stunden mühsam dahinquält ... Der Unterschied in der Erfahrung dieser zwei Stunden entsteht ausschließlich in uns selbst, und zwar durch unsere Wertung. Wenn wir diese, was wir alle ständig tun, auf die Zeit projizieren, entsteht der Eindruck, Zeit sei etwas Wertvolles.

Sozan, ein chinesischer Zen-Meister, wurde von einem Schüler gefragt: „Was ist das wertvollste Ding der Welt?"
Der Meister antwortete: „Der Kopf einer toten Katze."
„Warum ist der Kopf einer toten Katze das wertvollste Ding der Welt?", wollte der Schüler wissen.
Sozan antwortete: „Weil niemand seinen Preis nennen kann."

Zeit „haben" wir grundsätzlich nur dann, wenn wir sie eigentlich nicht brauchen. Doch wenn es gerade am nötigsten wäre, versagt sie uns die Kooperation.

Frühere Kulturen hatten es in dieser Hinsicht wesentlich leichter, weil für sie die Zeit kein Wert an sich war. Es gab für alles eine Zeit. Die Abläufe ergaben sich einfach aus dem Rhythmus der Natur. Wenn es hell war, stand man auf und tat einfach, was gerade zu tun war. Aufgaben oder Probleme entstanden aus der Spontaneität des Augenblicks – und wurden entsprechend gelöst. Was man heute nicht schaffte, machte man eben morgen, denn der Sonnenuntergang markierte – aus Mangel an künstlichen Lichtquellen – das Ende der täglichen Aktivitäten. Wer kennt ihn nicht, den berühmten Text aus dem Alten Testament: *Alles hat seine Stunde, und eine Zeit ist bestimmt für jedes Vorhaben unter dem Himmel* (Pre. Kap. 3,1).

Mit der Erfindung der Zeitmessung und später der Glühbirne hatte dieses wunderbare Igel-Leben jedoch ein Ende. Die Möglichkeit, jeden Tag in kleinste Einheiten zu zerlegen und bereits im voraus mit einer Fülle von Aufgaben zu belegen, machte dem natürlichen Flow den Garaus. Ironie des Schicksals: Solange es die Zeit offiziell nicht gab, stand sie in Hülle und Fülle zur Verfügung. Doch kaum war sie eingeführt, wurde sie zur kostbarsten Illusion von allen. Doch wie kann man diese Entwicklung wieder ins Lot bekommen? Ganz einfach: Indem man Zeit loslässt!

Den natürlichen Flow erleben

Wann hatten Sie das letzte Mal richtig Zeit? Wahrscheinlich müssen Sie jetzt wirklich nachdenken ... Erinnern Sie sich einmal an Ihre Jugend, an die Zeit, als sechs Wochen Sommerferien noch eine Ewigkeit bedeuteten. Sie standen morgens auf, wenn Sie ausgeschlafen hatten, frühstückten gemütlich und vor Ihnen lag ein Tag voller möglicher Abenteuer: schwimmen am See, ein bisschen durch die Gegend stromern, mit Freunden herumhängen. Das Geheimnis dieser „Unendlichkeit": Sie nahmen jeden Moment, wie er war. Es gab keinen Anfang und kein Ende.

Genau diese wunderbare Erfahrung wird mit dem „Management à la Has'n'Igel" wieder belebt. „Wie soll denn das heutzutage gehen, wo ich doch mit Terminen voll geknallt bin?", werden Sie jetzt sicher fragen. Mit einem kleinen Test können Sie ganz schnell herausfinden, wie dehnbar Zeit eigentlich ist. Programmieren Sie Ihren Organizer für eine Zeitspanne von zehn Minuten. Schließen Sie die Augen und tun Sie nun nichts anderes, als einfach dazusitzen und zu atmen. Aber Achtung! Wenn Sie jetzt denken, „Prima, dann kann ich ja schon mal im Geiste das nächste Meeting durchgehen", haben Sie schon verloren. Ihr Job ist es, wirklich zehn Minuten lang nichts zu tun. Wahrscheinlich werden Sie nach einigen Minuten unruhig und fragen sich, wann der Piepser sich denn nun endlich meldet oder ob Sie ihn überhaupt gestellt haben. Und wenn er Sie dann wirklich aus Ihrem Nichtstun erlöst, wird Ihnen schlagartig bewusst, dass es sich anfühlt, als hätten Sie sehr lange so dagesessen.

Damit haben Sie die Perspektive des Igels erstmals von innen kennengelernt, denn auch der Igel hat viel Zeit. Er braucht ja nur am Ackerrand zu hocken und zu warten, bis der Hase das nächste Mal völlig außer Atem wieder auftaucht. Dieses innere Zurücktreten können Sie wunderbar auch in typischen Hasen-Situationen ausprobieren, denn schon ein kurzer Moment des Innehaltens nimmt den Druck auch aus als noch so akut empfundenen Situationen.

Einfach so – Auswege aus der Atemlosigkeit

Ein häufiges Problem im Management-Alltag: Sobald wir Dinge nicht „einfach so" tun, sondern permanent schon das jeweilige Ziel als quälendes Vakuum in uns spüren, beginnen wir, einem imaginären Soll hinterher zu hecheln. Die Aufgabe an sich und die dafür real zur Verfügung stehende Zeit werden unbedeutend in Anbetracht der Tatsache, dass wir eigentlich immer qua Definition „zu spät" kommen werden. Damit treiben wir uns selbst an zu einem „fertig sein wollen" oder gar „fertig werden müssen". Wenn es jedoch nicht mehr um den Prozess, sondern nur noch ums „hinter uns bringen" geht, läuft uns die Zeit gnadenlos davon, da wir mit unserem Wunsch, endlich alles erledigt zu haben, aus dem konkreten Hier und Jetzt aussteigen. Es entsteht ein permanenter Druck der Zeit, weil wir so immer von der Zeit „verfolgt" werden. Andererseits wird es auch nicht gelingen, nach eigenem Gutdünken über die Zeit zu verfügen, wie folgende Geschichte aus dem Mittleren Osten zeigt:

In Bagdad auf dem Marktplatz traf ein Diener, der für einen Kaufmann gerade Besorgungen erledigte, plötzlich auf den Tod. Angsterfüllt hastete er zu seinem Herrn zurück.
„Herr!", flehte er. „Ihr müsst mir helfen! Ich habe den Tod auf dem Marktplatz gesehen; er starrte mich an! Was soll ich nur tun?" Der Kaufmann überlegte kurz.
„Nimm mein bestes Pferd und reite so schnell du nur kannst in die Stadt Samarra. Dort kannst du dich verstecken, bis die Gefahr vorüber ist."
Der Diener tat, wie ihm befohlen wurde, während der Händler zum Marktplatz ging, um den Tod zur Rede zu stellen.
„Was soll das?", fragte der Kaufmann, als er den Tod fand. „Warum jagst du meinem Diener eine solche Angst ein?"
„Das tut mir leid", erwiderte der Tod. „Ehrlich gesagt, hat er mich überrascht. Ich war sehr erstaunt, ihn hier in Bagdad zu treffen, wusste ich doch nur zu gut, dass wir heute Abend eine Verabredung in Samarra haben."

Zum Szenario der selbst erzwungenen Atemlosigkeit gibt es auch ein entspannendes Pendant. Es ist das im besten Sinne des Wortes selbstvergessene schöpferische Tun. In dem Moment, in dem wir ganz zur Aufgabe selbst werden, löst sich unsere Bindung an den ständigen Zeitdruck in Wohlgefallen auf und schafft Raum für die Erfahrung der Zeitlosigkeit. Sicher haben Sie dieses Fließen, das Gefühl, als ob sich alles von selbst erledigt, schon einmal erlebt. Meist begegnen wir der Freiheit von der Zeit gerade dann, wenn wir Dinge tun, die uns Freude machen und nicht einem selbst- oder von außen auferlegten Zwang folgen. In diesen Augenblicken erwacht in uns der Igel, der am Ackerrand sitzt und alle Zeit der Welt hat, weil es ja der Hase ist, der sich selbst zum nicht endenden Dauerlauf verdammt hat.

Die große Kunst im Business ist es nun, die unterschiedlichen Zeitqualitäten von Hase und Igel so geschickt miteinander zu verbinden, dass Sie, wann immer Sie es wünschen, zwischen Rennen und Rasten wechseln können. Mit der „Entdeckung der Langsamkeit" verschaffen Sie sich additiv die Fähigkeit, nicht nur rasch zu handeln, sondern auch in Ruhe die Chancen einer Situation auszuloten. Der Protagonist in Sten Nadolnys Roman „Netzkultur" sieht das so:

> *„Ich bin jetzt darauf eingestellt, Zeit vergehen zu lassen und auf ein Wunder zu warten. Wer das tut, verhält sich friedlich und bleibt doch wach genug, um nichts zu verpassen."*

Wunder hat hier nichts mit Aberglaube zu tun, eher mit der Fähigkeit, mehr Chancen – aber natürlich auch mehr Risiken – einer Situation mit wachem Blick zunächst einmal sehen zu können.

Entschleunigung lässt Raum, um Konzepte für ein besseres Kosten-Nutzen-Verhältnis zu finden, bewusster mit Ressourcen umzugehen und genügend Eigenzeit für sich selbst zu schaffen – alles wichtige Voraussetzungen schöpferischer Arbeit.

Zeit-Jongleuren auf die Finger geschaut

In der Praxis gibt es bereits zahlreiche Unternehmen, die von einem spielerischen Umgang mit der Zeit profitieren. Sie kombinieren die Schnelligkeit des Hasen mit der Entspanntheit des Igels und schaffen so ein wirkungsvolles Wechselspiel zwischen Anpacken und Loslassen, zwischen Sprint und Pause. Ihr wichtigstes Prinzip: Zeit nicht mehr als straffes Zwangskorsett zu verstehen, sondern sie gestalterisch zu wandeln.

Automobilbauer Audi beispielsweise hat in den letzten zehn Jahren die Arbeitszeit zum Steuerungsinstrument gemacht und begegnet so geschickt konjunkturellen Höhen und Tiefen, indem das Unternehmen Zeit als Ressource und nicht als feststehendes Raster begreift. Wichtigstes Leitmotiv dabei: Mehr Effizienz und mehr Freiräume für die Mitarbeiter, also eine gelungene Kombination aus Hasen- und Igel-Attributen. Diese Symbiose zeigt sich auch darin, dass das Audi-Management den „Deal" mit der Zeit als wechselseitige Verpflichtung zwischen Unternehmensführung und Mitarbeitern sieht. Der Verzicht auf betriebsbedingte Kündigungen und eine Beteiligung der Belegschaft am Gewinnzuwachs stellen nämlich sicher, dass der Hase es nicht übertreibt.

Der Füllfederhalter-Hersteller Montblanc bringt eine weitere Variante im Umgang mit der Zeit ins Spiel – die Muse. Die edlen Schreibgeräte bilden einerseits einen Ausgleich zur Schnelllebigkeit computererzeugter Dokumente. Andererseits zelebriert das Unternehmen die Vorzüge der Langsamkeit auch im Produktionsprozess. Wo Konzentration und Fingerspitzengefühl beim Schleifen der Federn das A und O sind, ist verständlich, dass diese nicht in Hetze gefertigt werden können. Damit die Schleiferinnen ihre Konzentrationsfähigkeit erhalten können, dürfen sie, wann immer ihnen danach ist, eine Pause einlegen. Das ist deutlich günstiger als eine hohe Ausschussrate. Bis eine Feder fertig ist, sind rund 60 Arbeitsschritte notwendig, die schon einmal einen Monat in Anspruch nehmen können. Montblanc fährt mit dieser zelebrierten Zeitlosigkeit gut und feierte 2006 sein 100-jähriges Firmenjubiläum.

Auch der Bekleidungsanbieter Land's End hat die Beständigkeit zum festen Bestandteil seines Geschäftsmodells gemacht. Das Sortiment trotzt kurzfristigen Modetrends und setzt auf zeitlose Eleganz. Während andere Versandhäuser ständig neue Kollektionen an den Kunden bringen wollen, bleiben die Pullover, Hosen, Jacken und Kleider bei Land's End oft über mehrere Jahre im Programm. Dieses Konzept der gezielten Langsamkeit stößt in

Wirtschaftskreisen auf große Akzeptanz. So kürte das Wirtschaftsmagazin Capital den deutschen Land's End-Ableger bereits zum besten Arbeitgeber im Mittelstand.

Spielen und steuern – Machen Sie die Zeit flexibel

Sie müssen jetzt nicht unbedingt das Hohelied der Langsamkeit anstimmen, um in Ihrem Unternehmen neue Qualitäten von Zeit zu erschließen. Oft ist schon viel erreicht, wenn Sie einfach einmal näher betrachten, wie Sie überhaupt mit Zeit umgehen. Aus unternehmerischer Sicht kann Zeit nur Wirkung entfalten, wenn in einem definierten Zeitrahmen etwas geleistet wird, also Werte geschaffen werden. Produktivität wird damit zur Zeitmaschine, denn je produktiver Sie in einer bestimmten Zeitspanne sind, umso mehr Zeit gewinnen Sie.

Studien und Statistiken zeigen hier immer wieder, dass am Standort Deutschland längst noch nicht alle diesbezüglichen Potenziale ausgeschöpft werden. Im Produktivitätsranking der größten Industriestaaten dümpeln wir im Mittelfeld, hinter Spitzenreitern wie Irland, den USA, Dänemark, der Schweiz, Schweden und anderen. Der Hebel für mehr Produktivität liegt dabei oft nicht einmal in typischen Hasen-Qualitäten wie „Gas geben", sondern eher in der Intelligenz des Igels. So erreichen etwa die USA 60 Prozent ihres gesamten Produktivitätswachstums durch den gezielten Einsatz von Informationstechnologie, während dieser Anteil in Deutschland gerade mal bei der Hälfte liegt. Sie können also im Prinzip wie der Igel sitzen bleiben und trotzdem produktiver werden – und damit objektiv Zeit sparen.

Dieses Prinzip des „weniger ist mehr" entfaltet sich auch im Hinblick auf die Arbeitszeit. Die Arbeitnehmer, die weniger Wochenstunden arbeiten, sind in jeder Arbeitsstunde deutlich produktiver als diejenigen, die mehr Zeit am Arbeitsplatz verbringen (müssen). Das Fazit der Arbeitsmarktforscher: Längere Arbeitszeiten sind Zeitverschwendung.

Die Befürworter einer Verlängerung der Wochenarbeitszeit auf 40 oder sogar 42 Stunden machen dagegen eine andere Rechnung auf. So kommt die Deutsche Bank zu dem Schluss, dass die unbezahlte Mehrarbeit die Arbeitskosten in Deutschland um elf Prozent senken könnte. Auf dem Papier mag das auch so sein, doch zeigt die Praxis das Gegenteil, denn Arbeitskraft ist nicht beliebig skalierbar. Wenn Sie Ihren Mitarbeitern das gleiche Gehalt für eine längere Anwesenheit im Unternehmen bezahlen, sinkt zwar deren Stundenlohn, doch heißt dies noch lange nicht, dass sie auch in jeder Stunde die bisher erbrachte Leistung bringen.

Machen Sie doch einfach mal einen kleinen Selbsttest: Arbeiten Sie eine Woche lang mit Ihrem gewöhnlichen Zeitvolumen von sagen wir mal 50 Stunden. Die nächste Woche reduzieren Sie Ihr Arbeitspensum dann ganz bewusst auf 35 Stunden. Sie mögen vielleicht aufschreien, dass Sie in dieser Zeit unmöglich alle Ihre Aufgaben erfüllen können. Das mag sein. Wenn Sie sich an das Limit halten, werden Sie eventuell ein paar To-Do's streichen müssen. Probieren Sie einfach aus, wie viele produktive Tätigkeiten Sie in beiden Wochen verrichten.

Das Ergebnis wird Sie – wenn Sie durchhalten – wahrscheinlich erstaunen, denn Ihr Output wird, das zeigt die Erfahrung, in beiden Wochen in etwa der gleiche sein. Einer der Gründe: Wenn Sie das Gefühl haben, dass die Zeit, die Ihnen für eine Aufgabe zur Verfügung steht, nicht ausreichen wird, erhöhen Sie fast schon automatisch Ihr Arbeitstempo.

Dabei führt der negative Effekt des Zeitdrucks auf Dauer zu mehr Fehlern, einer geringeren Produktivität pro geleisteter Arbeitsstunde und – und das ist eigentlich der wichtigste Aspekt – zu einem Verlust an Freude bei der Arbeit. Kurze Stressphasen können im Job durchaus beflügelnd sein, beispielsweise, wenn in der Abschlussphase eines Projekts noch einmal alle Mitarbeiter die Ärmel hochkrempeln, um dann, nach dieser Phase des emsigen Schaffens, die Früchte ihres Erfolgs zu genießen und wieder zu einem normalen – und damit verkraftbaren – Arbeitstempo zurückzukehren. Bleiben die Anforderungen jedoch auf Dauer hoch, verkehrt sich der positive Effekt in sein Gegenteil. Sind die Erwartungen stets höher als die Leistung, die man erbringen kann, stellen sich zwangsläufig Angstgefühle und Beklemmungen ein. Das beeinträchtigt nicht nur das Wohlbefinden, sondern auch die Leistungsfähigkeit.

Vielen Arbeitgebern und Managern fällt es schwer, diese Zusammenhänge zu sehen – zu einem nicht unwesentlichen Teil sicherlich aufgrund der Tatsache, dass sie von der Leistungsmaschinerie selbst betroffen sind und auch noch dazu beitragen, sie aufrechtzuerhalten. Ein hoher Arbeitsethos gehört für Manager zum guten Ton, denn wer viel arbeitet, zeigt, wie wichtig und unentbehrlich er ist. Die Zügel einmal lockerer zu lassen, ist für viele Führungskräfte nur schwer vorstellbar, denn das eigene Ego gewinnt einen nicht unbeträchtlichen Teil seiner Befriedigung aus der Bestätigung von Mehrleistung.

Die Grenzen zur Sucht werden dabei fließend. Permanente Mehrarbeit, überdurchschnittliches Engagement und starkes Kontrollverhalten sind allerdings auch Hinweise auf ein Suchtverhalten, das nicht nur die Betroffenen, sondern auch das Unternehmen selbst auf Dauer an den Abgrund führt. Dabei ist es hinlänglich bekannt, dass Manager, die unerbittlich nach solchen Gesichtspunkten führen, oft selber unter erheblichen Beeinträchtigungen wie Magengeschwüren, Angstzuständen oder Depressionen leiden. Schlimmer noch: Sie beeinträchtigen mit ihrem Verhalten auch die Arbeitsfähigkeit ihrer Mitarbeiter.

Permanente Überforderung, übermäßige Kontrolle und in Folge davon schlechtes Betriebsklima treiben Mitarbeiter zur inneren Kündigung, führen zu höheren Fehlzeiten und lähmen die alltäglichen Arbeitsläufe – in der Summe also eine Menge betriebswirtschaftlicher Nachteile. Eine Untersuchung der Harvard Business School entkräftet auch den Mythos, Druck fördere die Kreativität, und kommt stattdessen zu dem Schluss, dass gute Ideen Zeit brauchen, um reifen zu können und dass Ärger und Angst schlechte Berater sind.

Wahrscheinlich erahnen Sie inzwischen bereits, wie das Stressprofil Ihres Unternehmens aussieht und wo Ihre persönlichen Zeitdruckfaktoren liegen. Sie haben gesehen, dass Zeit nicht mehr ist als ein Indikator für Druck. Doch was können – und nicht zuletzt wollen – Sie tun, um der Hasen-Falle zu entrinnen und den Igel in sich zu mobilisieren? Denn nur damit haben Sie die Chance, ein wirklich produktives Gleichgewicht herzustellen.

EXPERIMENT

Finden Sie die richtige „Eigenzeit"

► *Raus aus dem Hamsterrad: Die „Eine-Minute-Meditation"*

Die wichtigste Entdeckung, die Sie machen können, ist die, wenn Sie einmal die scheinbare Selbstverständlichkeit von (Zeit-)Druck unterbrechen, also aussteigen aus dem scheinbar unentrinnbaren Hamsterrad. Die Übung dazu ist so simpel, dass Sie ihr vielleicht wenig Problemlösungskompetenz zutrauen. Versuchen Sie's trotzdem mal für eine Woche. Es ist die „Eine-Minute-Meditation". Dazu nehmen Sie sich mindestens vier Mal am Tag, während der Arbeitszeit (!), eine Auszeit von nur einer Minute. Eine Minute, in der Sie nichts tun – außer sich anzusehen, was ist. Die Wirkung wird Sie verblüffen, wenn Sie die anfänglichen Widerstände gegen das „Nichts" überwunden haben.

► *Auszeit: Der Tag gehört Ihnen*

Der erste Teil der nächsten Übung ist mit Sicherheit für Ungeübte der schwerste. Sie nehmen sich einen ganzen Tag Auszeit von Ihren üblichen Managementaufgaben. Und zwar ohne große Vorbereitungen, ohne offizielle Abmeldung, ganz spontan. Morgen ist dafür der beste Tag, denn dann haben Sie keine Zeit mehr zu kneifen. Einwände wie wichtige Meetings, Kundentermine und nicht aufschiebbare Projekte sind kein Argument, um diesen Teil der Übung zu überspringen. Denn das Wichtigste ist für Sie jetzt: Zu erkennen, wie der dadurch entstehende „Zeit-Druck" auf Sie wirkt und wie Sie damit umgehen können. Lassen Sie Ihre

Assistentin gleich morgen früh alle Termine für den Tag absagen. Einfach so. Auf die erstaunte Frage, was denn los sei, können Sie eine Lüge erfinden. Besser noch, Sie sagen, dass Sie den Tag einfach mal für sich selbst brauchen.

Sie werden sehen, es erfordert einiges an Standvermögen, sich dem einmal definierten Zeitrahmen zu entziehen. Sie werden möglicherweise die entscheidende Vorstandssitzung verpassen. Oder ausgerechnet morgen müssen Sie einen wichtigen Kunden besänftigen, weil er eine noch wichtigere Lieferung nicht pünktlich erhalten hat. Bleiben Sie konsequent und standhaft, auch wenn Sie im ersten Moment befürchten, ein solcher Schritt wird ernsthafte Konsequenzen haben. Sie wissen selbst, die Sonne wird auch am Tag danach wieder aufgehen. Und Sie werden Ihren Job behalten.

► *Empfinden Sie die Zeit, anstatt sie zu verplanen*

Gratulation! Wenn Sie mitmachen, haben Sie gerade acht oder sogar zehn Stunden wirklich freie Zeit gewonnen. Und so schwer war das doch gar nicht, oder? Die werden Sie jetzt nutzen, um ein wenig Zeitforschung zu betreiben. Machen Sie einen Rundgang durch die Ihnen anvertrauten Abteilungen und unterhalten sich mit den Mitarbeitern über deren Zeitempfinden.

Sie werden auf diese Weise schnell feststellen, bei welchen Prozessen und Vorgaben sich Ihr Unternehmen von einer realistischen Eigenzeit entfernt und mehr Aufgaben in ein Zeitraster quetscht als sinnvoll sind. Das gilt natürlich auch für Ihre eigene Zeitplanung. Führungskräfte lassen sich viel zu oft auf Zeitvorgaben von außen ein, gut gemeint als treue Pflichterfüllung. Doch wer legt solche Zeitvorgaben wirklich fest? Sie! Es erfordert natürlich einige Standfestigkeit, sich von diesem Teufelskreis zu distanzieren und Arbeit wieder in einen vernünftigen Flow zu bringen.

Verstehen Sie uns nicht falsch: Wir raten Ihnen nicht, nur noch die Füße hochzulegen, um ganz im Igel aufzugehen. Es geht darum, nicht einseitig Hase zu sein, sondern auch – gleichwertig – unsere Igel-Fähigkeiten zu integrieren. Die Bereitschaft, sich auf „trial and error" einzulassen, ist der Schlüssel dazu.

Ein Schüler suchte den weisen Nasruddin auf: „Ich muss euch eine äußerst wichtige Frage stellen, wir alle suchen die Antwort darauf: Was ist das Geheimnis des Glücks?"

Nasruddin dachte eine Zeit lang nach, dann entwortete er: „Das Geheimnis des Glücks ist ein gutes Urteilsvermögen."

„Ach", sagte der Schüler. „Aber wie bekommen wir ein gutes Urteilsvermögen?"

„Durch Erfahrung", antwortete Nasruddin.

„Ja", erwiderte der Schüler. „Aber wie erlangen wir Erfahrung?"

„Durch ein schlechtes Urteilsvermögen."

Wahrscheinlich hoffen Sie immer noch unterschwellig, dass es vielleicht noch die eine oder andere Methode des Zeitmanagements gibt, mit der Sie hier und da ein paar Minuten einsparen können. Die gibt es sicherlich. Doch überlegen Sie einmal, was Sie mit der auf diese Weise eingesparten Zeit machen würden. Aller Wahrscheinlichkeit nach, würden Sie sie sofort nach den beschriebenen destruktiven Mechanismen wieder verplanen. Zeitdruck und Zeitlosigkeit – beide beginnen im Kopf, im eigenen Denken.

V. Andere und sich selbst erkennen

Hasen-Syndrom: ***Überheblichkeits-Wahn***

Warum ist Fußball mit Abstand die beliebteste Sportart der Welt? Weil es ein Mannschaftssport ist, bei dem sich jeder leicht wieder findet – in der Identifikation wie in der Ablehnung. Das Spiel dreht sich um Zusammenhalt und um Abgrenzung, um Sprints und taktisches Kalkül. Einsames Heldentum ist auf dem Rasen weniger gefragt, wenngleich es natürlich so manchem Alpha-Spieler ein Anliegen ist, im Mittelpunkt der Aufmerksamkeit zu stehen. Doch letztlich gilt immer: Ein Einzelkämpfer holt keine Meisterschaft.

Sie werden von Managementberatern und Coaches gerne beschworen und auch die meisten Personaler sind sich einig: ohne sie läuft im Unternehmen nichts. Die Rede ist von Soft Skills, jenen „weichen" Faktoren, die den Unterschied zwischen Managern und guten Managern, zwischen „Mechanikern" und Führungspersönlichkeiten markieren. Kreativität, Flexibilität, Mut, Motivation, Teamgeist, Humor, Führungsstärke ... Die Liste der inneren Werte, die ein Manager mitbringen sollte, um einen guten Job zu machen, ist fast unerschöpflich; die Wege, wie man sie am besten entwickelt, dagegen bestenfalls nicht klar umrissen.

Klar ist: Wo man bei vielen Strategie- und Organisationsfragen mit den passenden Methoden weiterkommt, sind im Wechselspiel mit den Mitarbeitern weitere Qualitäten gefragt. Hier geht es nicht um ein festgelegtes Procedere, sondern um Persönlichkeit. Um *Ihre* Persönlichkeit!

Der Blick nach innen fällt den meisten Menschen schwer. Sie halten sie sich lieber an Offensichtlichem und Äußerlichkeiten fest, und Manager ziehen sich gerne auf die typische Hasen-Position zurück. Der Hase will schlicht, dass alle rennen und das Ziel erreichen. Doch was, wenn nicht? Im besten Fall kommt dann der Reserve-Hase zum Einsatz: das Konfliktmanagement – ein weiteres mechanistisches Tool, mit dem versucht wird, Vorgaben und Prozesse, die im ersten Anlauf aus dem Ruder geraten sind, mit einem zweiten Sprint wieder hinzubiegen. In der Praxis ist dieses Vorgehen eher beschwerlich, weil es den Kern der Konstellation, die Innenperspektive, mehr oder weniger ausblendet.

Für den Blick nach innen ist der Igel ein Experte. Er sitzt am Ackerrand und schaut einfach. Er betrachtet, mit wem er es eigentlich zu tun hat. Und er bezieht seine Stärke aus den Erkenntnissen, die er beim Schauen gewinnt, denn er entdeckt so sowohl die Schwächen seines Gegners als auch die eigenen. Genau dieses

Pendeln zwischen Innen und Außen, zwischen einem „Wer bin ich?" und dem „Wer sind die anderen?" ist der Schlüssel zu vielen Lösungen im alltäglichen Führungsmit- und -gegeneinander.

Entdeckungsreise nach innen als Programm

Viele Manager scheuen vor ihren eigenen Innenansichten und vor dem Innenleben ihrer Mitarbeiter zurück, meinen sie doch, dass solches Psychologisieren im Business nichts zu suchen hat. Das Gegenteil ist jedoch der Fall. Manager sein, ist – und das vergessen gerade viele Aufsteiger allzu gerne – zunächst einmal ein Job wie jeder andere auch. Die Unterscheidung zwischen denen, die führen und denen, die folgen (sollen), ist schlicht organisatorischer Natur. Jeder Spieler hat eine ureigene Aufgabe und er ist auf seine Mitspieler angewiesen, um diese zu erfüllen. Wer dieses Wechselspiel übersieht, tendiert nur allzu leicht dazu, das Prinzip der „Verantwortung *für* andere" mit einer „Macht *über* andere" zu verwechseln.

Oft sehen Führungskräfte ihre Verantwortung nur gegenüber dem „Oben" in der Hierarchie. Sie fühlen sich verpflichtet, die Vorgaben ihrer eigenen Vorgesetzten zu erfüllen und werden nervös, wenn „unten" nicht alles nach Plan läuft. Der eigenen Angst vor einem Versagen schauen sie dabei nur selten oder gar nicht ins Gesicht. Eher erhöhen sie einfach den Druck, um die Dinge doch noch irgendwie gerade zu biegen. Bei diesem Hinbiegen werden Menschen dann meist nur noch wie eine Maschine benutzt, die logischerweise nichts anderes als funktionieren soll.

Fußball-Trainer wissen das nur allzu gut, denn im Sport sind Produkt und Produktionsmittel eins. Es geht unübersehbar um Menschen und sonst nichts. Bei der Auswahl der Spieler steht für die Vereine zunächst die Hasen-Komponente im Vordergrund. Wer das meiste Geld investieren kann, bekommt in der Regel die „besten" Spieler, also die schnellsten Beine. Und eines ist natürlich klar: Wenn dieses „Material" nicht stimmt, wird der beste Trainer mit weiterem Feintuning wenig ausrichten und eine Mannschaft höchstens in einzelnen Spielen Achtungserfolge erringen. Doch müssen auch die schnellsten Beine in die richtige Richtung laufen, damit das Spiel nicht zum Eigentor wird. Und hier kommt der Igel ins Spiel.

Deshalb ist für Fußball-Trainer der Blick nach innen, das Erkennen der persönlichen Stärken und Schwächen der einzelnen Spieler eine wichtige Voraussetzung, um einen guten Job zu machen. Um aus elf Persönlichkeiten eine Mannschaft zu formieren, die noch dazu gewinnt, braucht es psychologisches Geschick. Viele Trainer werden dieser Aufgabe gerecht, nicht indem sie glauben, bessere Sozialarbeiter sein zu müssen, sondern indem sie sich sehr professionell auf das im Management meist etwas verpönte Zwischenmenschliche einlassen.

Peter Neururer (u.a. Hannover 96) beispielsweise lässt sich, wenn er eine neue Mannschaft trainieren soll, von allen Spielern ein Soziogramm erstellen. So erkennt er schnell, wer beliebt oder unbeliebt ist, welche Spieler sportliche Anerkennung genießen und welche nicht. Die Idee dahinter: Nur wer die Stärken und Schwächen eines Teams kennt, kann sie wirklich nutzen und wird nicht hinterrücks überrascht. Ein schlechter Läufer wird nie ein guter Stürmer werden, entfaltet aber vielleicht in der Abwehr sein wirkliches Potenzial. Ein Spieler, der, weil er unbedingt immer selbst das Tor schießen will, sich den Ball lieber im Zweikampf mit dem Gegner abnehmen lässt, als vorher an einen Mannschaftskameraden abzugeben, kann einen ganzen Verein demontieren.

Der nächste Schritt: die Dynamik zwischen Trainer und Team. Wer nur am Spielfeldrand steht und pfeift, kommt nicht weiter. Uwe Rapolder (u.a. 1. FC Köln) bespricht deshalb mit seinen Spielern, wie diese sich selbst sehen und wie er als Trainer sie wahrnimmt. Themen wie spielerische Fähigkeiten, Charaktereigenschaften oder soziale Kompetenz kommen hier ungeschminkt auf den Tisch. Anschließend legen Spieler und Trainer zusammen fest, wo gemeinsame Ziele liegen und wie Defizite überwunden werden können. Zum Schluss unterschreiben beide einen Mentalvertrag, in dem sie sich verpflichten, ihr jeweils Bestes zu geben, um die Vereinbarungen auch Realität werden zu lassen. Und noch etwas: Beim eigentlichen Spiel nimmt sich der Trainer völlig zurück, denn das Spielfeld selbst ist nur im Training sein Revier.

Vielleicht fragen Sie sich jetzt: „Und was habe *ich* davon?" Oder Sie sagen: „Bei uns ist das doch ganz anders als im Fußball!" Noch unangenehmer kann es werden, wenn Sie sich mit der Rolle des Trainers identifizieren und dabei Ihre eigenen Urängste entdecken. Immerhin liegt die Halbwertszeit von Fußball-Trainern deutlich unter der von Managern. Sprich: Was nutzen mir tolle Erkenntnismethoden, wenn ich hinterher gefeuert werde? Nun, gegen dieses grundsätzliche Risiko gibt es keine Versicherung. Für Ihre Mitarbeiter allerdings auch nicht. Andererseits: Wenn Sie das Buch bis hierher gelesen haben, werden Sie wissen oder ahnen, dass die bisherigen konventionellen Führungsprinzipien langfristig weder für Sie noch für die Sache gut sind. Wenn Sie also auch im Management auf „Sustainability" setzen, werden Sie nicht umhin kommen, neue Wege zu gehen. Das dürfte Ihnen liegen, denn ein Manager ohne Pioniergeist ist doch nur ein Verwalter.

Die Schizophrenie des Systems erkennen und überwinden

Ein kleiner Ausflug ins Egoland des Managements zeigt uns, dass sich Manager mit der harten Tour zwar einige Zeit halten können, es letztlich aber viel zu oft nur Verlierer und Verluste zu beklagen gibt. Viele Managementberater werden nicht müde, darauf hinzuweisen, dass eine gute Portion Egoismus unabdingbar ist, um in der Wirtschaftswelt vorwärts zu kommen. Wer nicht an die eigenen Fähigkeiten glaubt und davon überzeugt ist, zumindest manche Dinge deutlich besser zu können als andere, wird schließlich nur schwer etwas erreichen. Doch was treibt selbst gestandene Führungskräfte immer wieder zu einer Egoinflation, bei der sie jeden Blick für ein gesundes Maß verlieren? Nun, oft ist es schlicht Angst oder – wie die Samurai sagen würden – Feigheit:

Diejenigen, die für eigennützigen Gewinn arbeiten, sind Feiglinge. Der Grund liegt darin, dass ein berechnender Mensch, der ständig Gewinn und Verlust gegeneinander aufrechnet, sich von diesem Gedankenmuster nicht trennen kann, weshalb er den Tod als Verlust und das Leben als Gewinn betrachtet – und ersteren hasst, was ihn als Feigling enden lässt.

Weniger dramatisch und sehr nah an der typischen Management-Denke hat Sir Peter Ustinov das formuliert:

Mut ist oft ein Mangel an Erkenntnis, während Feigheit meistens auf guten Informationen beruht.

Wer sich vor allem vor dem eigenen Scheitern absichern möchte, wird darüber leicht blind. Die Art, wie Manager sehen – oder eben gerade nicht sehen – ist ein wesentlicher Auslöser für die weit verbreitete Betriebsblindheit, die sich in den Führungsetagen manifestiert. Wer führen will, hat – meistens – eine ganz persönliche Vision davon, wie er seine Ziele am besten erreicht. Schwierig wird es immer dann, wenn diese Vision den eigenen Blickwinkel dermaßen verengt, dass Bewegungen am Rande des Sehfeldes nicht mehr wahrgenommen werden können.

Die Kraft eines Unternehmens resultiert immer aus der Fähigkeit der Manager *und* dem Potenzial der Mitarbeiter. Selbst ein hoch motivierter Manager wird mit einer Mannschaft, der jeglicher Elan fehlt, nicht wirklich etwas erreichen können. Es geht um das ganze System, gerade nicht mehr um die Trennung von Manager hier und Mannschaft dort. So lange wir uns als Manager als etwas Besseres empfinden, findet die Bündelung der Energien nur unzureichend statt.

Warum ist das so? Einer der Gründe: Manager stehen unter einem ständigen Beweiszwang. Nach oben müssen sie zeigen, warum und dass sie wirklich die bessere Person für den ihnen aufgetragenen Job sind. Nach unten ist dieselbe Abgrenzung nötig, denn wenn die Mitarbeiter den Job einfach selbst erledigen könnten oder zumindest die tragenden Ideen beisteuerten, wäre der Manager doch schlicht überflüssig. In diesem Kräftefeld verspricht Abgrenzung natürlich zunächst einmal größeren Erfolg als Kooperation. Niemand will sich schließlich selbst überflüssig machen.

Grenzen überschreiten und dienen lernen

Die fatale Abgrenzung des Managements von „den zu Managenden" wird auch heute noch durch zahlreiche Signale gestärkt: edlere Arbeitsräume, Dienstwagen, Aktienoptionen, Nichterreichbarkeit usw. Natürlich soll hier keineswegs einer Gleichmacherei das Wort geredet werden. Es geht vor allem um die innere Haltung, die sich aus einem solchen Managementparadigma ableiten lässt – und durch sie gefördert wird, nämlich die Desidentifikation zwischen den Führenden und den Geführten.

Diese offensichtliche Schwäche des Systems hinterlässt natürlich auch ihre Spuren auf der persönlichen Ebene. Denn wie können Sie sich als Manager nachweisbar profilieren, wenn Ihre Ergebnisse auf den Ideen anderer beruhen? Was macht Sie dann noch zu einem besonderen Leistungsträger? Fähigkeiten wie ein guter Moderator zu sein, auf andere einzugehen und mit ihnen am selben Strang zu ziehen, sind zwar durchaus erwünschte Soft Skills, doch werden Sie aufgrund solcher Begabungen kaum zum „Manager des Jahres" gewählt, wie ein Blick auf die Bewertungskriterien bekannter Auszeichnungen zeigt.

Beim Unternehmens-Ranking „Imageprofile" des Manager Magazins beispielsweise wird die Managementqualität zwar als drittwichtigstes Kriterium für Unternehmenserfolg genannt, doch die Mitarbeiterorientierung kommt erst auf Rang 7. Die Schizophrenie des Systems: Man kann also ein guter Manager sein, ohne sich allzu sehr um die Mitarbeiter zu kümmern ...

Zumindest auf den ersten Blick, denn schaut man genauer hin, wird es interessant. Die Aspekte Kundenorientierung und Produktqualität werden nämlich als die wichtigsten Merkmale erfolgreicher Unternehmen angeführt. Und wer kümmert sich um die Kunden? Wer „macht" die Produkte? Richtig, der Kreis schließt sich und wir landen wieder bei den Mitarbeitern. Gerade deshalb erweist es sich langfristig als Irrweg, die eigene Führung vor allem an möglicher Reputation von oben (Vorstand/Aufsichtsrat) oder von außen (Shareholder) auszurichten, denn die eigentliche Substanz liegt innen. Die enge Verbindung von Konfrontation und Kooperation, Herrschen und Dienen ist – wenn auch noch nicht in vielen Unternehmen – so doch in der christlich-abendländischen Tradition ohnehin tief verwurzelt. So finden sich bereits im Lukas-Evangelium folgende Zeilen:

> *Die Könige herrschen über ihre Völker und die Mächtigen lassen sich Wohltäter nennen. Bei euch aber soll es nicht so sein, sondern der Größte unter euch soll werden wie der Kleinste, und der Führende soll werden wie der Dienende.*
> (LK 22, 25-26)

Vielleicht kommt Ihnen bei diesen Zeilen in den Sinn, dass es natürlich auch ein Dienen sein kann, wenn Sie alles tun, um den Aktienkurs Ihres Unternehmens in die Höhe zu treiben. Die entscheidende Frage ist jedoch, warum und wem Sie dienen. Sind Macht, Ansehen und die Befriedigung der Eitelkeit das Motiv? Oder folgen Sie einem Anliegen, das tiefer und weiter reicht? Damit meinen wir nicht zwingend, ob Sie einer besonderen Ethik oder Moral folgen – wenngleich dies natürlich auch hilfreich sein kann. Nein, es geht einfach darum, ob Sie sich in einem integrativen System sehen.

Wenn Sie sich für das Modell der Kooperation entscheiden, erhöhen Sie die Wahrscheinlichkeit, erfolgreich zu sein. Für Porsche gehört es beispielsweise zur Unternehmenskultur, Mitarbeiter am Erfolg zu beteiligen. Und dabei ist es nicht nur die Sonderzahlung von über 3.000 Euro für jeden der 8.000 Arbeiter und Angestellten, sondern auch die Haltung, mit der diese Prämie ausgeschüttet wird, die beflügelnd wirkt, denn bei Porsche werden selbst die Vorstände nicht müde, immer wieder zu betonen, dass der Erfolg des Autobauers in erster Linie das Verdienst der Mitarbeiter ist.

Eine Studie zu „Siegerstrategien im deutschen Mittelstand" der Beratungsgesellschaft Ernst & Young kommt ebenfalls zu dem Schluss, dass sich in allen erfolgreichen Firmen die Chefs ernsthaft mit ihren Mitarbeitern beschäftigen. Das Geheimnis dieser „Siegertypen": Sie widmen etwa 20 Prozent ihrer knappen Zeit dem Personal. So wissen sie sehr rasch, wo Verbesserungen und Optimierungen nötig und möglich sind – und setzen diese dann gemeinsam um. Interessante weitere Erkenntnis: dem Repräsentieren widmen diese Manager noch nicht einmal zehn Prozent der Arbeitszeit.

Wenn Sie diesen Beispielen folgen, stellen Sie sich natürlich einer weiteren Herausforderung. Denn wenn Sie Ihre Mitarbeiter nicht mehr nur dirigieren, müssen Sie sich mit Ihnen wirklich auseinandersetzen. Und das ist eine Führungsaufgabe, bei der Sie sich nicht hinter Methoden verstecken können, sondern bei der Sie schlicht als Mensch gefragt sind.

Menschliches, allzu Menschliches

Was für ein Typ sind Sie wirklich? Sind Sie eher forsch oder friedlich? Gehören Sie zu den Dränglern oder nehmen Sie sich gerne Zeit, die Dinge abzuwägen? Sind Sie sich überhaupt darüber im Klaren, wie Sie auf andere wirken? Wahrscheinlich nicht, denn je höher Sie in der Unternehmenshierarchie aufsteigen, umso seltener wird Ihr Umfeld sich trauen, Ihnen die Wahrheit zu sagen. Auch 360 Grad-Feedbacks ändern daran wenig.

Aus diesem Grund greifen manche Managementtrainer inzwischen zu Tieren, um ihren Klienten die Augen zu öffnen. Unsere Protagonisten, Has´ und Igel, sind ja auch nichts anderes. Falls Sie schon einmal geritten sind, werden Sie die Erfahrung schon gemacht haben: Sie können einem Pferd noch so die Sporen geben, wenn es keine Freude hat, Ihnen zu folgen, wird es erstaunlich kreativ sein, Ihnen das zu zeigen. Und wie sieht das in der Managementwelt aus? Nehmen wir einmal an, eine der Ihnen unterstellten Abteilungen bringt seit Monaten nicht die festgelegten Zahlen. Sie kommen langsam ins Schwitzen, weil Sie merken, dass Sie die Ihnen „von oben" gemachten Vorgaben so wohl kaum erfüllen können. Viele Manager machen in einer solchen Situation das Ihnen nahe Liegende: Sie zitieren den betreffenden Abteilungsleiter zu sich, untermauern noch einmal die Vorgabe und machen Druck. Das Ergebnis: Jedenfalls keine besseren Leistungen.

Doch was passiert in einer solchen Situation *wirklich*? Nun, als Manager müssen Sie ständig für etwas Verantwortung übernehmen, das nicht direkt in Ihrer Hand liegt. Auf die Arbeitsergebnisse der Abteilungen haben Sie nur mittelbar Einfluss, denn die eigentliche Leistung erbringen andere. Geht das schief, sitzen Sie in der Tinte, denn der Misserfolg fällt auf Sie zurück. An dieser Stelle entsteht in den meisten Köpfen Ohnmacht und Angst. Ihnen ist das wahrscheinlich noch nicht einmal bewusst, da Sie sich lieber als Anführer denn als den Umständen Ausgelieferter sehen. Typische Reaktion: Sie überspielen Ihre Unsicherheit mit Härte.

Das hilft Ihnen jedoch nicht weiter. Statt sich mit der eigenen Angst zu beschäftigen, geben Sie sie einfach weiter. Damit agieren Sie nicht mehr auf der Ebene des eigentlichen Problems, sondern laden die Situation emotional auf. Im Vordergrund steht dann nicht mehr die Frage, wie man zu besseren Zahlen kommen kann, sondern wie man der im Raum stehenden Angst am Besten wieder entkommt.

Der Abteilungsleiter hat dann zwei Möglichkeiten: Er kann sich wie Sie verhalten und den Druck nach unten durchreichen. Damit hat er erst mal sein Problem gelöst. Oder er zieht sich den Schuh nicht an, lässt Sie abblitzen und reagiert mit Abwehr. Beide Reaktionen führen zu keinem Ziel. Im Gegenteil: Einer Langzeitstudie der Fachhochschule Köln zufolge leiden inzwischen rund 90 Prozent aller Mitarbeiter über alle Hierarchieebenen hinweg unter Angst. Der daraus resultierende wirtschaftliche Schaden: jährlich mindestens 50 Milliarden Euro.

Wenn Sie dagegen zu Ihrer Angst stehen, können Sie auf Ausweichmanöver verzichten und das eigentliche Problem viel direkter angehen. Vielleicht glauben Sie jetzt, dass es töricht sein könnte, die eigene Verletzbarkeit zu zeigen. Das Gegenteil ist der Fall, denn in dem Moment, in dem Sie *offen* auf andere zugehen, haben diese die Möglichkeit, selbst ebenso offen zu reagieren. Bleiben wir bei unserem Beispiel: Wenn Sie Ihren Mitarbeitern, ohne ihnen gleich Vorhaltungen zu machen, Ihre Bedenken nahelegen, zeigen Sie Ihre menschliche Seite und eröffnen so die Chance, eine ebensolche Reaktion zu erhalten.

Vielleicht fangen Sie gerade an, innerlich zu revoltieren, weil Sie glauben, ein solches „Betütteln" wäre so gar nicht Ihre Sache. Dann sollten Sie noch einmal darüber nachdenken, wem Sie eigentlich dienen? Nur sich selbst? Dem Unternehmen? Den Mitarbeitern? Pater Anselm Grün beschreibt diese Zusammenhänge sehr anschaulich:

> *Dienen heißt für mich: dem Leben dienen, Leben in den Mitarbeitern hervorlocken, Leben wecken. Dazu muss ich mich manchmal zurücklehnen und einen einzelnen Mitarbeiter betrachten: Welches Potenzial steckt in ihm? Wie finde ich den Schlüssel, um das, was in ihm an Möglichkeiten steckt, aufzuschließen? Ist ein Mitarbeiter schwierig, hat es stets einen Grund. Niemand ist aus Lust schwierig. Kämpfe ich gegen den schwierigen Mitarbeiter, entwickelt er so viel Gegenkraft, dass ich ständig mit ihm beschäftigt bin. Wenn ich Leben in ihm wecke, wird er zum Segen fürs Unternehmen. Ich selbst habe das Gefühl: Führen lohnt sich. Ich habe in einem Menschen Leben geweckt. Das macht mich glücklich.*

Ist es nicht verführerisch, sich selbst das Managerleben leichter zu machen und damit auch noch etwas zu bewegen? Und sich dabei noch gut zu fühlen?

Viele Führungskräfte entdecken die Chancen einer Annäherung von Mensch zu Mensch leider erst, wenn das Kind schon in den Brunnen gefallen ist. Wenn das Klima schon vergiftet ist, oft auch, wenn bereits gerichtliche Auseinandersetzungen drohen, ziehen sie dann professionelle Schlichter hinzu, die zwischen den Beteiligten vermitteln sollen. In einer solchen Mediation passiert jedoch nichts, was Sie nicht grundsätzlich auch selbst leisten könnten, denn es geht dabei schlicht um zwei Dinge: dem anderen zuzuhören und die eigene Haltung nicht überzugewichten.

Im großen Stil haben das viele Unternehmen bereits begriffen, denn im internationalen Kontext wird schnell klar, dass das eigene Maß nie das Maß aller Dinge sein kann. Multinationale Konzerne leisten sich längst ein professionelles Diversity Management, um die Unterschiede zwischen den Kulturen fruchtbar zu machen. Wenn Deutsche mit Südeuropäern verhandeln, zeigen sich schnell und überdeutlich die Unterschiede zwischen den einzelnen Beteiligten. Die Deutschen wollen immer gleich zur Sache kommen, während man in südlicheren Gefilden über Verträge erst nach der ein oder anderen gemeinsamen Mahlzeit spricht.

Ein kleiner Exkurs zum Thema Kühe, der im Internet kursiert, zeigt mit einer ordentlichen Prise Humor, was wir meinen:

> **Deutsches Unternehmen:** *Sie besitzen zwei Kühe. Mittels modernster Gentechnik werden die Tiere „redesigned“, so dass sie Milch von höchster Qualität geben und 160 km/h schnell laufen können. Leider fordern die Kühe dreizehn Wochen Urlaub im Jahr und das Recht auf Umwandlung des Arbeitsplatzes in einen Halbtagsjob bei vollem Lohn.*

> **Französisches Unternehmen:** *Sie besitzen zwei Kühe. Sie streiken, weil Sie drei Kühe haben wollen. Sie gehen Mittagessen. Das Leben ist schön.*

Italienisches Unternehmen: *Sie besitzen zwei Kühe, aber Sie wissen nicht, wo sie sind. Während Sie sie suchen, sehen Sie eine schöne Frau. Sie machen Mittagspause. Das Leben ist schön.*

Amerikanisches Unternehmen: *Sie besitzen zwei Kühe. Sie verkaufen eine und leasen sie zurück. Sie gründen eine Aktiengesellschaft. Sie zwingen die beiden Kühe durch eine Hormonbehandlung, das Vierfache an Milch zu geben. Sie wundern sich, als eine tot umfällt. Schließlich geben Sie eine Presseerklärung mit dem Inhalt heraus, Sie hätten Ihre Kosten um 50 Prozent gesenkt. Ihre Aktien steigen. Sie bekommen einen Preis für gute Unternehmensführung.*

EXPERIMENT

Das Gegenüber als Spiegel betrachten, nicht als Gegner

► Schrei(b)en Sie's raus: Was nervt

Die besten Einsichten über sich selbst und Ihre Mitarbeiter werden Sie aus der Igel-Perspektive gewinnen. Der Igel weiß um seine Schwäche: seine viel zu kurzen Beine, mit denen er kein Rennen gewinnen kann. Würde er dagegen nur auf sein Ego hören und gleich loslaufen, ginge ihm wahrscheinlich schon nach einer halben Runde die Puste aus. Machen Sie sich also einmal mit Ihren ganz persönlichen Schwächen bekannt – und mit den Stärken Ihres Umfeldes.

Sicherlich haben Sie einen Mitarbeiter, mit dem Sie eher schlecht zu Recht kommen. Er ist Ihr bester Spiegel, denn die Erfahrung zeigt: Das, was uns an anderen stört, hat vor allem mit uns selbst zu tun. Machen Sie zunächst eine Negativ-Liste mit allen Eigenschaften, die Sie konkret bei anderen stören. Vielleicht finden Sie, der Betreffende ist faul, zeigt nicht genug Einsatz für das Unternehmen und macht immer viel zu pünktlich Feierabend. Notieren Sie wirklich alles, was in Ihnen Widerspruch hervorruft. Der nächste Schritt: Nun fragen Sie sich, was all diese Eigenschaften in Ihnen berühren. Möglicherweise sehen Sie sich selbst als sehr engagiert und können deshalb mit „Drückebergern" nichts anfangen. Vielleicht würden Sie auch gerne einfach mal selbst nicht der Letzte sein, der das Büro verlässt. Sind Sie dabei ehrlich zu sich selbst und betrachten Sie auch Ihre Wünsche! Oft merken Sie schon an dieser Stelle, dass Sie viele Dinge wollen, die andere so nicht erfüllen. Das sagt allerdings noch nichts darüber aus, ob Ihre Maßstäbe richtig sind.

► Genau hinsehen: Machen Sie eine Positiv-Liste

Der nächste Schritt ist schon schwerer, denn nun ist die Positiv-Liste dran. Für jede negative Eigenschaft, die Sie zuvor notiert haben, muss nun auch eine positive aufs Papier. Vielleicht denken Sie jetzt: Hätte Mitarbeiter XY auch nur eine positive Eigenschaft, wäre das ja schon ein Lichtblick. Er hat sogar mehrere. Mit Sicherheit. Wenn Ihnen auf Anhieb nichts Positives einfällt, müssen Sie recherchieren. Sie können sich langsam herantasten und erst einmal die Kollegen befragen. Wahrscheinlich werden Sie sehr erstaunt sein, welcher Mensch sich auf diese Weise zeigt. Einer, den Sie wahrscheinlich nicht im Geringsten kennen. Die beste Quelle ist natürlich der Mitarbeiter selbst. Auch wenn's schwer fällt: Fragen Sie ihn einfach, wie er sich einschätzt – und zeigen Sie ihm, dass die Antworten Sie wirklich interessieren.

► Rollentausch: Schauen Sie sich selbst zu

Wenn Sie diese Außenperspektive erforscht haben, begeben Sie sich in die Höhle des Löwen. Tauschen Sie für eine Stunde, besser gleich für einen ganzen Tag, mit Ihrem Untergebenen die Rolle. Springen Sie einfach ins kalte Wasser und lassen sich darauf ein, was Sie erwartet. Denn nur so werden Sie herausfinden, wie die andere Seite wirklich aussieht. Außerdem erfahren Sie so, wie man Ihren Job auch anders machen kann.

Dieses Experiment können Sie auch in schönen Varianten weiter verdichten. Laden Sie doch mal eine Gruppe Schüler oder Studenten in Ihr Unternehmen ein und lassen sie ein Planspiel machen. Erklären Sie Ihnen ein paar anstehende Aufgaben und Entscheidungen und lassen Sie Ihre Gäste dann einfach machen. Je jünger die Teilnehmer, umso unverblümter ist oft das Ergebnis. Wenn ein 15-Jähriger Chef spielt und einen Gleichaltrigen davon überzeugen will, einen Job zu machen, auf den dieser so gar keine Lust hat, ist schon mal ein flapsiges „Nee, dazu habe ich überhaupt keinen Bock" drin. Fragen Sie an solchen Stellen immer nach, warum die Spieler wie reagieren. Sie werden so viele Anhaltspunkte finden, wie Sie Ihren eigenen Führungsstil verbessern können. Nebenbei können Sie das Ganze von Ihrer PR-Abteilung als kleines Event inszenieren lassen.

Etwas aufwändiger und garantiert auch mit unschönen Einsichten verbunden: Lassen Sie sich einen Tag, eine Woche oder sogar einen Monat lang von einem Journalisten begleiten. Er folgt Ihnen wie ein Schatten und macht am Ende des Tages mit Ihnen eine Manöverkritik. Sie werden überrascht sein, wie sich Ihre Selbsteinschätzung von der Betrachtung des Medienmenschen unterscheidet. Genau hier liegt Ihre Chance, denn nur, wenn Sie wissen, wie Sie tatsächlich wirken, können Sie daran arbeiten, so zu wirken, wie Sie wollen. Falls Sie die Öffentlichkeit scheuen, können Sie natürlich auch einen Coach hinzuziehen.

Wenn Sie diese Gegenperspektive nicht nur für sich selbst, sondern für das ganze Führungsteam ermitteln wollen, ist ein professionelles Audit die beste Möglichkeit, um Ihre Mitarbeiter schonungslos zum Sprechen zu bringen. Lassen Sie von einem Institut eine Befragung durchführen, bei der die Beschäftigten einerseits darstellen können, wie sie sich Führung wünschen, und andererseits, wie sie das Management wahrnehmen. Bevor Sie einen solchen Schritt tun, müssen Sie zuerst aber auch bereit sein, mit den späteren Ergebnissen wirklich zu arbeiten. Denn bleibt eine solche Studie nur Schall und Rauch, ist weitere Missstimmung vorprogrammiert.

Der Kern aller Übungen: Sie können erst dann „richtig" führen, wenn Sie wissen, „wer" da eigentlich „wen" führt.

VI. Visionen pflanzen, tagträumen und spielen

Hasen-Syndrom: ***Innere Emigration***

Macht Ihnen Ihr Job eigentlich Spaß? Gehen Sie morgens gerne zur Arbeit und wissen Sie noch, was Sie eigentlich bewegen wollen? Wenn nicht, ist es an der Zeit, mal wieder so richtig zu spielen und zu träumen! Also machen Sie es sich mal bequem und lösen Sie Ihre Aufgaben „wie im Schlaf". Sie finden das kindisch? Schade, dann verpassen Sie etwas, was die wirklich erfolgreichen im Business auszeichnet: sie können spinnen.

Unser Hase kennt nur ein Motto: rennen, rennen und noch mal rennen. Hundert Euro und eine Flasche Jägermeister sind für ihn genug Ansporn, um 72 Runden durchzustehen, bevor er in der 73. Runde schließlich zusammenbricht. Er merkt nicht, wenn ihm die Puste unterwegs ausgeht, wenn aus dem flotten Springen ein mattes Schlurfen wird. Oder doch? Wenn es Ihnen immer schwerer fällt, Ihre gewohnte Ackerfurche entlang zu rennen, ist es Zeit, sich an den Igel zu erinnern, denn der lebt konsequent nach dem Lustprinzip und ist dabei herrlich munter. Um der Hausarbeit aus dem Weg zu gehen, spaziert er zum Acker. Um das Rennen zu vermeiden, ersinnt er eine List. Dabei drückt er sich nicht einfach, sondern tut schlicht das, wonach ihm der Sinn steht. Und genau das sollten Sie auch tun.

Als die New Economy boomte, ging erstmals seit langem auch durch die eher biedere deutsche Wirtschaftslandschaft ein Ruck der Euphorie. Spinnen war plötzlich erlaubt und viele technikbegeisterte Jungunternehmer entwarfen Geschäftsmodelle, unter denen sich ein Großteil der Bevölkerung zu dieser Zeit nicht das Geringste vorstellen konnte. Doch das tat dem Elan dieser neuen Techi-Generation, die mit glänzenden Augen ihre Businesspläne präsentierte, keinen Abbruch. Denn die Computerspezialisten und Noch-nicht-Manager waren getrieben von einer Motivation, die selbst die größten Widerstände überwindet: Sie hatten eine Vision und wollten die Welt verändern.

Viele dieser Ideen mögen im Nachhinein vielleicht unrealistisch oder gar kindisch erscheinen, der dahinter wirkende Mechanismus ist es indes nicht. Daran ändert auch nichts die Häme der Old-Economy-Besser-Wisser. Denn nur Unternehmen, in denen ein unternehmerischer Geist weht, sind auf Dauer wirklich erfolgreich. Denn: Wer beseelt ist von dem, was er tut, schöpft aus seiner Tätigkeit nicht nur immer wieder neuen Lebenssinn, er ist dabei auch glücklich. Es ist doch ein gutes Gefühl, sich zu engagieren, etwas bewegen zu wollen und dabei zu entdecken, am passenden Platz zu sein und das Richtige zu tun. Dieses Wirkungsprinzip hebt beispielsweise auch Pater Anselm Grün hervor, wenn er auf die Frage, warum er Mönch geworden ist, antwortet:

> *Mir geht es darum, mich der eigenen Wahrheit zu stellen, nach Dingen tief unter der Oberfläche zu suchen. Wer diesen Wunsch nicht verspürt, der ist nicht fürs Mönchsein geschaffen.*

Dieser Wunsch nach Tiefe ist keineswegs auf die Profession des Mönchs beschränkt, denn immer mehr Manager strömen zu den Vorträgen Grüns, weil die Oberfläche des eigenen Lebens und Berufs ihren Glanz verloren hat und sich ihnen die Frage aufdrängt: Was mache ich hier? Und was will ich eigentlich? Woran es vielen Unternehmen fehlt, ist der Corporate Spirit. Und viele Manager haben ihren eigenen guten Geist verloren. Mit Geist oder Spirit ist hier eine tiefergehende Sinnhaftigkeit und eine motivierende Seins-Logik gemeint.

Die eigene Sehnsucht spüren

Die Frage nach der Befindlichkeit ist alles andere als ungewöhnlich, auch wenn sie auf den ersten Blick zu dem im Business weit verbreiteten, nach außen gerichteten Aktionismus und dem extremen Streben nach Anerkennung nicht so recht passen mag. Der amerikanische Psychologe Abraham Maslow entwickelte bereits in den 1950er Jahren mit seiner Bedürfnispyramide ein Modell, das das Phänomen greifbarer macht. Wenn die körperlichen Grundbedürfnisse, der Wunsch nach Sicherheit und stützenden sozialen Beziehungen erfüllt sind und wir soziale Anerkennung erhalten, entsteht das Gefühl, dass dies noch nicht alles gewesen sein kann. Genau an diesem Punkt landen gerade erfolgreiche Manager immer öfter, denn wer im Außen alles geschafft zu haben glaubt, vernimmt auf einmal seine innere Stimme, die nur nach einem fragt: nach innerer Erfüllung. So fand die Beratungsgesellschaft Spencer Stuart in einer Studie heraus, dass Führungskräfte gerade nicht nur nach Macht und Anerkennung hungern, sondern sich nach Visionen und Begeisterung sehnen. Sie wollen authentisch sein, ihren wahren Kern entdecken und sich nicht länger von Konventionen einengen lassen.

Erinnern Sie sich noch, welche Vorstellungen Sie selbst beim Start ins Berufsleben hatten? Was wollten Sie damals bewegen? Warum haben Sie sich für die Branche entschieden, in der Sie heute arbeiten? Sind Sie Schritt für Schritt Ihrer ureigenen Vision gefolgt und haben diese umgesetzt? Oder sind Sie im Gegenteil Jahr für Jahr immer ein Stückchen mehr von Ihrem ursprünglichen Weg abgekommen?

Ferdinand Piëch beispielsweise gehört zu den Managern, die schon immer wussten, was sie wollen, und die „ihr Ding" auch kompromisslos durchziehen. Das ist nicht immer für alle Beteiligten schön, beispielsweise wenn die Frankfurter Allgemeine Sonntagszeitung von den „Intrigen des Porsche-Enkels" spricht, aber zunächst einmal konsequent:

> *Piëch sieht seine Lebensaufgabe darin, das Erbe seines Großvaters Ferdinand Porsche zu sichern. Zu dem legendären Käfer-Erfinder hat er immer aufgeschaut. An dem Großvater will er gemessen werden: „Es war immer mein Ziel, einmal eine größere Firma zu leiten als mein Großvater", hat Piëch einmal gesagt.*

Als Führungskraft mit einer solchen „großen" Vision geraten Sie dabei leicht in eine Zwickmühle. Einerseits wird Ihnen selbst oft ein hoher Grad an Konformismus abverlangt, andererseits kann es Ihnen nur allzu leicht passieren, dass Sie eine Manie entwickeln und dann Ihre persönlichen Zwänge auch Ihren Mitarbeitern aufdrücken.

Je komplexer die Hierarchien sind, desto leichter geraten persönliche Visionen unter die Räder. Wenn Sie sich immer wieder unterordnen, anstatt die Dinge selbst zu gestalten, geraten Sie irgendwann in einen Teufelskreis und schneiden sich von Ihrer inneren Quelle ab. Die Folge: Ihr Job macht keinen Spaß mehr. Sie haben immer weniger Lust, neue Ideen voranzutreiben und schlappen immer öfter einfach nur mit.

Graben Sie verschüttete Träume wieder aus

Konstrukte wie die immer öfter beschworene Work-Life-Balance haben Hochkonjunktur, und zwar aus gutem Grund. Wer im Job keinen Antrieb mehr findet, ist auf einen Ausgleich angewiesen, da ihn die Arbeit auslaugt. Wer diese Mentalität in sich stillschweigend Einzug halten lässt, ist meistens verloren. Deshalb fangen Sie sofort an, Ihr Leben wieder als Ganzes zu sehen. Erwarten Sie nicht, in Ihrer Freizeit die Lasten des Jobs kompensieren zu müssen oder zu können, sondern machen Sie sich einfach klar, was Ihnen im Leben insgesamt wichtig ist. Welche Ideen wollen Sie noch verwirklichen? Welche Themen und Arbeitsgebiete interessieren Sie und liegen Ihnen wirklich? Wahrscheinlich finden Sie bei diesem Blick nach innen einige schon lange verschüttete Träume wieder. Oder sie entdecken sogar neue. Vielleicht werden Sie sich auf diese Weise zu dem entwickeln, was die Ex-Bertelsmann-Managerin und Beraterin Brigitte Witzer den neuen, „postheroischen" Manager nennt:

> *Ich erlebe viele Leute, die über fehlgeschlagene heroische Versuche merken, dass sie damit nicht weiterkommen – fehlgeschlagen nicht nur im Sinne des Scheiterns, sondern auch in dem Sinne, dass sich das Leben immer hohler und leerer anfühlt, immer enger und kleiner wird, obwohl das Gehalt weiter wächst. Ich glaube in der Tat, dass es ums Entdecken geht: Es geht darum, man selbst zu sein.*

Vielleicht denken Sie jetzt: „Schön wär´s, aber hilft mir das weiter, wo ich in meinem Unternehmen ohnehin nicht wirklich etwas ändern kann?" Lassen Sie diesen Gedanken gar nicht erst zu. Der größte Feind auf dem Weg zu mehr Selbstverwirklichung im Job ist nämlich die eigene Selbstbeschränkung. Wer sich nicht mehr erlaubt zu träumen, wird nur schwer den Antrieb aufbringen, sich jenseits der vorgegebenen Pflicht eine individuelle Kür zu erlauben.

Viele Manager und Mitarbeiter flüchten sich jedoch in eine „Woanders ist es bestimmt besser"-Mentalität. Zwar sind immerhin 36 Prozent aller deutschen Berufstätigen uneingeschränkt mit ihrer beruflichen Position zufrieden, fand Emnid heraus. Bei den Managern sollen es sogar 48 Prozent sein, doch bedeutet dies auch, dass jedes zweite Mitglied des Führungskaders unzufrieden ist. Es kommt noch schlimmer: Es reicht nicht aus, zufrieden zu sein. Das sind 60 Prozent der Rentner in Deutschland auch. Was wir brauchen, sind Führungskräfte, die begeistert sind, die Spirit haben.

Sind Sie das? Wenn nicht, dann wird es Zeit, den Dingen wieder einen Schub zu geben. Selbst wenn Sie ganz oder relativ zufrieden sind in Ihrem Job, sind Sie auch wirklich begeistert? So, dass Sie auch in der Lage sind, andere anzustecken? Im Kern geht es schlicht darum, dass Sie Ihre Leidenschaften und damit Ihre Lebensfreude wieder finden, um sie dann konsequent in Ihren beruflichen Alltag einzubringen. Das klingt vielleicht ziemlich anspruchsvoll – und deshalb sei hier einer der Großmeister der Lebenskunst zitiert, nämlich Meister Eckhart: „Es ist nicht schwer – es ist ganz leicht." Der Weg zu mehr Lebensfreude ist tatsächlich kürzer, als viele zunächst glauben. Sie ist schon da, in uns allen und wartet nur darauf geweckt zu werden:

Daiju besuchte den Meister Baso in China. Baso fragte:
„Was suchst du?"
„Erleuchtung", erwiderte Daiju.
„Du hast deine eigene Schatzkammer. Warum suchst du außerhalb?", fragte Baso.

Daiju erkundigte sich: „Wo ist meine Schatzkammer?"
Baso antwortete: „Das, was du fragst, ist deine Schatzkammer."
Daiju war erleuchtet! Danach empfahl er stets seinen Freunden: „Öffnet eure eigene Schatzkammer und benützt diese Schätze."

Das erinnert ein wenig an die „Ich bin schon da"-Perspektive unseres pfiffigen Igels. Und wir finden diesen Blickwinkel, da er so wunderbar stimmig ist, nicht nur in den asiatischen Weisheitstraditionen. Der Gedanke, dass alles, was wir für ein gelungenes und glückliches Leben brauchen, jederzeit präsent und greifbar ist, taucht beispielsweise auch bei Meister Eckhart in seiner Predigt 6 zum Thema „Darin ist uns Gottes Liebe gezeigt" auf:

Die Menschen sagen oft zu mir: „Bitte für mich." Dann denke ich, warum geht ihr aus euch heraus? Warum bleibt ihr nicht in euch selbst – und greift in euer eigenes Gut? Ihr tragt doch alle Wahrheit wesenhaft in euch.

Im Spiel Träumen zur Realität verhelfen

Immer mehr Erwachsene spielen. Warum? Weil in der Welt des Spiels gewohnte Grenzen nicht gelten und alles möglich ist. Allein in Deutschland werden jährlich Spielwaren im Wert von über drei Milliarden Euro verkauft. Etwa ein Viertel dieses Spielzeugs landet nicht etwa in Kinderzimmern, sondern in den Händen von Erwachsenen. Dieser Trend ist den Verfechtern übertriebener Ernsthaftigkeit natürlich sehr suspekt. Der israelische Schriftsteller Amos Oz beispielsweise befürchtet, dass die Welt künftig zu einem „riesigen Kindergarten" wird.

Doch sind das wirklich Zeichen der Degeneration und Infantilisierung? Wohl kaum, denn auch immer mehr Unternehmen erkennen, dass sich im Spiel schöpferische Kräfte entfalten können, die im Businessalltag nur allzu leicht unter dem weit verbreiteten Effizienzdenken verschüttet werden.

Haben Sie schon mal mit Ihren Mitarbeitern und einer großen Kiste mit Lego-Steinen zusammen gesessen und Ihr Unternehmen nachgebaut? Die Effekte können verblüffend sein, denn durch die bunten Plastiksteine kommt plötzlich Farbe ins Spiel. Nicht nur wörtlich, sondern auch im übertragenen Sinn. Stein für Stein wird der Charakter des Unternehmens sichtbar. Und wenn aus bisweilen übellaunigen und muffeligen Vorgesetzten (und natürlich der eigenen Person) plötzlich fröhlich-farbenfrohe Lego-Figuren werden, sieht die Welt gleich anders aus.

Dann passiert mehr als die schlichte Simulation von Geschäftsmodellen, denn so tun sich neue Ideenwelten auf. Der Wirkungsansatz ist denkbar einfach: Wer sich nur einen Schritt von der konkreten Realität entfernt, entfernt sich auch von ihren Zwängen. Und eröffnet damit Raum für neue Ansätze und neue Gedankengänge. Im Spiel mit den bunten Steinen lassen sich neue Welten nach Lust und Laune kreieren, ein Schritt, den viele Menschen in der Realität zunächst scheuen.

In typischen Lego-Workshops beginnen die Teilnehmer beispielsweise damit, aus 250 Steinen den „idealen Mitarbeiter" zusammenzusetzen. Stein für Stein entstehen so neue Identitäten. Genau dieser Umweg über das Spiel setzt ungeahnte Energien frei, denn wer schon einmal gesehen hat, wie es sein könnte, tut sich hinterher leichter, es in der Praxis auch zu versuchen. In Spielen wie diesem können Ihre verschütteten Visionen wieder ans Tageslicht treten. Und Sie können wunderbar erkennen, dass auch in Ihren Mitarbeitern viel mehr Wünsche und Ideen stecken, als Sie bisher geahnt haben.

Der Spielwarenhersteller Lego hat sein für Manager gedachtes Strategie-Set vorsichtshalber „Serious Play" genannt. Zu viel kindlicher Elan wirkt wahrscheinlich in den Führungsetagen noch immer ein wenig verschreckend. Unternehmen wie Orange, Tetra Pak,

Nokia und Alcatel allerdings haben längst schon positive Erfahrungen gemacht mit der Selbstfindung durch Spielzeugmännchen.

Von der Trockenübung zum schöpferischen Prozess

Meist ist es noch schlichter Pragmatismus, der Unternehmen zum Spielen führt, denn die Effektivität der Methode wurde bereits mit zahlreichen Wirtschaftsplanspielen bewiesen. Doch wenn komplexe Szenarien als Trockenübung durchgespielt werden, ist das weit mehr als ein Ausprobieren auf hohem Niveau, doch in geschütztem Raum. Denn im Spiel stellt sich ein Prozess ein, der im Alltag vielen eher selten gelingt: Aus der spielerisch erlangten Selbstdistanz erwächst eine bisher ungeahnte schöpferische Freiheit. Nehmen Sie sich ein Beispiel an O-nami, einem bekannten Ringer der frühen Meiji-Zeit. Er war ungeheuer stark, in der Öffentlichkeit jedoch so schüchtern, dass er dort alle Kämpfe verlor. Als er sich schließlich auf seine wahren Kräfte besann, löste er das Dilemma:

> *„‚Große Wellen' ist dein Name", sagte der Lehrer. „Bleib heute Nacht in diesem Tempel. Stelle dir vor, dass du diese Wellen bist. Du bist nicht länger ein Ringer, der sich fürchtet. Du bist diese mächtigen Wogen, die alles verschlingen, was sich in ihrem Weg befindet."*
>
> *O-nami setzte sich zur Meditation nieder und versuchte, sich selbst als Wogen zu fühlen. Als die Nacht voranschritt, wurden die Wogen höher und höher. Sie schwemmten die Blumen aus ihren Vasen. Sogar der Buddha im Schrein wurde überflutet. Bevor die Dämmerung kam, war der Tempel nichts anderes mehr als die Ebbe und Flut eines ungeheuren Meeres.*
> *Am Morgen fand der Lehrer O-nami in Meditation, mit einem zaghaften Lächeln auf dem Gesicht. Er schlug dem Ringer auf die Schulter. „Jetzt kann dich nichts mehr erschüttern", sagte*

er. „Du bist diese Wellen. Du wirst alles vor dir herwälzen."
Am selben Tag nahm O-nami an einem Ringer-Wettstreit teil – und gewann. Danach war keiner mehr in Japan in der Lage, ihn zu besiegen.

Der Vorteil des Spielens ist, Sie müssen keine Angst vor negativen Konsequenzen haben. Sie sind zwar „drin", aber da Sie nicht in der Realität, sondern „nur" in einer Fiktion agieren, genießen Sie Autonomie. Während Sie bei realen Problemen im Situationszwang agieren und deshalb eher analytisch nach der schnellstmöglichen und ungefährlichsten Lösung suchen, können Sie im Spiel über diese (Selbst-) Begrenzungen hinauswachsen. Das Interessante: In dem Moment, in dem Sie im besten Sinne des Wortes aus der Rolle fallen, gewinnen Sie endlich wieder den Überblick.

Genau aus diesem Grund nutzen Unternehmen wie Deichmann Planspiele, um ihre Führungskräfte an ein ganzheitliches Denken heranzuführen. Mit der eigenen festgeschriebenen Position geht der Blick fürs Ganze und für Optionen, die außerhalb des persönlichen Blickfeldes liegen, meistens zwangsläufig verloren, denn wer sich auf eine Aufgabe konzentriert, kann nicht gleichzeitig allen anderen Aufgaben dieselbe Bedeutung beimessen. Doch wer seine Rolle, und sei es auch nur für einen Augenblick, loslässt, hat plötzlich wieder die freie Wahl und damit alle (!) Möglichkeiten – auch die bisher nicht denkbaren.

Den gleichen Mechanismus macht sich beispielsweise auch das Unternehmenstheater zu nutze. Wenn DaimlerChrysler, Siemens oder die Telekom ihr Business auf die Bühne holen, geht es nicht nur um Unterhaltung. In den Inszenierungen, die sich um die Unternehmenskultur als Ganzes oder auch um konkrete Praxisfälle drehen, werden die Akteure einerseits zum Spiegel von Management und Mitarbeitern. Darüber hinaus eröffnen sie aber zugleich auch völlig neue Erfahrungsräume. Denn in dem Moment, in dem die Zuschauer schließlich selbst auf der Bühne agieren, kommt häufig das, was sie wirklich bewegt, an die Oberfläche.

Auf diese Weise erfährt schon so mancher blasse Sachbearbeiter, welche bisher unentdeckten Macherqualitäten eigentlich in ihm stecken. Und Manager finden urplötzlich einen neuen Modus jenseits der üblichen zur Schau getragenen Härte, wenn sie im Spiel in ungewohnte Situationen schliddern, in denen Dienstanweisungen und Diktat keine Wirkung entfalten.

Diese Beispiele haben alle eines gemeinsam. Sie zeigen ein schier unerschöpfliches Potenzial an inneren Ressourcen, das nur darauf wartet, geweckt zu werden. Alles, was es braucht, sind ein wenig Mut und Entdeckerfreude.

Und auch wenn es bisher noch eher im Verborgenen geschieht, kommt genau dieser Spirit immer mehr in den Unternehmen an. Wenn bei dem jährlich stattfindenden Personal-Symposium der „StiftungAuthentischFühren – Zen-Akademie für Führungskräfte" gestandene Manager von Banken und Lebensmittelkonzernen illustrieren, wie sogar in eher konservativ-traditionellen Branchen eine neue Mentalität Einzug hält, zeigt dies: Wer die eigene Authentizität gefunden hat, führt freier und mit mehr Erfolg. Denn es scheint, als ob die schnöde materielle Sphäre, das liebe Geld, um das es ja in der Unternehmenswelt nun einmal – auch – geht, auf wundersame Weise dem Geist, der sich im Einklang befindet, folgt.

EXPERIMENT

Entdecken Sie den Clown in sich

► *Wechseln Sie die Rolle und spielen Sie Freiheit*

Wenn Sie mit Ihrem Job nicht zufrieden sind, haben Sie schon einen wichtigen Schritt getan, nämlich erkannt, dass zwischen Ihren eigentlichen Wünschen und der Wirklichkeit eine deutliche Lücke besteht. Der Igel wünscht sich, das Rennen gegen den Hasen zu gewinnen. Seine Wirklichkeit: viel zu kurze Beinchen. Unser stachliger Freund kapituliert jedoch nicht vor diesem Stolperstein, sondern besinnt sich auf seinen Erfindungsreichtum. Und genau das kann auch Ihr Weg sein.

Wenn Sie nur weiter gute Miene zu unschönem Spiel machen, verpassen Sie eine wichtige Chance. Ziehen Sie sich nicht schmollend zurück, sondern gehen Sie in die Offensive. Dazu brauchen Sie noch keine fertige „Lösung", sondern nur ein bisschen Spielfreude, die Sie einfach ausleben. Denn durch das Spielen lösen Sie sich von bisherigen Beschränkungen und schaffen Raum für Neues.

Der Clown ist in diesem Fall ein gutes Vorbild, denn er kümmert sich nicht um Konventionen. Er ist fröhlich oder traurig und zeigt es unvermittelt. Er lebt, was er ist, und ist genau deshalb mit seiner inneren Quelle verbunden. Johannes Galli, einer der bekanntesten Clowns in Deutschland, sagt über ihn:

Clown, der ewige Verlierer, gewinnt durch Hingabe ans Spiel Kraft, immer weiterzuspielen. So ist er ein Sinnbild menschlichen Schicksals, ein Sinnbild, das nichts vertuscht und nichts beschönigt, sondern schlicht und einfach tröstet.

Da der unerträgliche Druck, immer das Richtige tun zu müssen, alles Lebendige abtötet, hat der Clown den Käfig des Hochmuts für immer verlassen. Für den Clown markiert das Scheitern nicht das Ende eines Spiels, sondern den Anfang eines neuen.

Wenn Sie in die Rolle des Clowns schlüpfen, dürfen Sie alles. Ja, wirklich alles! Sie müssen keine große Show abziehen, denn die Kraft des Clowns ermöglicht es Ihnen schlicht, alle anderen Masken fallen zu lassen.

Halten Sie in Situationen, die Ihnen im Arbeitsalltag nicht gefallen, einfach öfter inne und überlegen Sie, wie der Clown reagieren würde. Sein Blick kennt keine Grenzen, denn er ist mit seinen Gefühlen direkt verbunden und lebt sie. Tun Sie einfach so, als sehen Sie Ihr Arbeitsumfeld zum allerersten Mal. Was passiert, wenn ein Clown plötzlich Ihren Job übernimmt? Welche Freiheiten nimmt er sich?

Indem Sie auf diese Weise innerlich spielen, beginnen Sie, wieder Sie selbst zu sein. Sicherlich finden Sie einige Situationen, in denen Ihnen ein „Jetzt würde ich eigentlich am liebsten ..." durch den Kopf geht. Wenn Sie diese inneren Bilder sammeln, erkennen Sie immer deutlicher, wofür Ihr Herz wirklich schlägt. Damit sagen Sie schlicht Ja zu sich selbst, weil Sie Ihre Energie nicht mehr darauf konzentrieren, jemand anderen darstellen zu wollen oder zu müssen.

Vertrauen Sie dabei einfach Ihren Impulsen und lassen Sie Ihre Gedanken zu einem großen Ja werden. Sie werden schnell bemerken, dass Ihr Spiel eine Eigendynamik gewinnt, die Sie mitreißt und trägt. Warum? Weil Sie sich auf diese Weise wieder mit dem Fluss Ihres Lebens verbinden.

Ein orientalisches Sprichwort besagt, dass die Ankunft eines guten Clowns in einer Stadt wertvoller ist als 30 mit Medikamenten beladene Esel. Mit diesem Experiment werden Sie sicherlich dieselbe Erfahrung machen. Denn Humor und Komik ebnen Ihnen den Weg, sich wieder mit Ihren tiefsten Wünschen zu verbinden.

Sie können den Clown natürlich auch tatsächlich spielen. Besorgen Sie ein paar rote Nasen und laden einige Freunde ein. Die Anwesenheit von Kindern ist hier durchaus hilfreich, denn die zeigen Ihnen schnell, wie leicht es ist, aus der Rolle zu fallen. Alternativ können Sie auch einmal an einem Clown-Workshop teilnehmen. So gibt es in Mainz eine Clownschule, die nicht nur (staatlich anerkannte!) Clowns ausbildet, sondern auch mit Führungskräften mit den Methoden des Clowns arbeitet.

► *Präzisieren Sie Ihre Träume*

Der Clown ist ein prima Schritt, um sich wieder Luft zum Atmen zu verschaffen. Er zeigt Ihnen, was Sie aus Ihrem Leben machen können. Im nächsten Schritt konzentrieren Sie die erfahrenen Impulse auf konkretere Ziele. Machen Sie eine Phantasiereise und lassen vor Ihrem inneren Auge Bilder entstehen, wie Sie „wirklich" sein wollen. Malen Sie sich aus, wie die Arbeit, die Sie gerne tun, aussieht. Überlegen Sie, was Sie überhaupt mit Ihrem Leben anfangen wollen. Dabei müssen Sie keine Aussteigerpläne schmieden, doch kann es Ihnen natürlich auch dämmern, dass das Leben Sie auf eine Position verschlagen hat, die Sie (so) gar nicht einnehmen wollen.

Bei diesem inneren Film sind allein Sie der Regisseur und kein Produzent wird Ihnen damit in den Ohren liegen, dass dieses oder jenes nicht machbar ist. Vergessen Sie nicht: Sie drehen keine Dokumentation, sondern eine Fantasy-Geschichte. Und in diesem Genre ist schlicht erlaubt, was gefällt. Lassen Sie sich beim Träumen und Basteln an Ihrer neuen Welt von Ihren Stimmungen leiten. Das Wichtigste: Die damit verbundenen guten Gefühle. Sie müssen nicht gleich am Anfang wissen, welche konkrete Rolle Sie künftig spielen wollen. Die entsteht ganz von allein, wenn Sie sich von den angenehmen Gefühlen leiten lassen, die in Ihnen aufsteigen. Wenn Sie ein ungefähres Bild haben von dem, was Sie wirklich mögen, ist der Rest ganz einfach.

Gute Gefühle haben die Tendenz, sich zu verwirklichen. Das ist gemeint mit dem guten Spirit in einem Unternehmen. Damit werden die inhärenten Kräfte des Menschen freigesetzt, also Steuerungsenergien, nicht Antriebsenergien. Die letzteren sind nämlich immer mühsam. Und wer gibt sich schon gerne Mühe?

VII. In Schönheit sterben

Hasen-Syndrom: ***Der/Die Wichtigste sein***

Sicher sind Sie unentbehrlich. Sie haben alles unter Kontrolle und nur wenn Sie da sind, laufen die Dinge richtig. Sie wissen alles und bestimmen alles. Ludwig der XIV., das war der Sonnenkönig, hielt das einst genau so. Ohne Zweifel, er war das geniale Modell eines Top-Managers: charmant, machtbewusst, intelligent, reformfreudig, kommunikativ, erfolgreich. Sein einbalsamiertes Herz können Sie noch heute in St. Denis bewundern.

Wenn Sie ein so genanntes „Alpha-Tier" sind, also ein Mensch, der den persönlichen Führungsanspruch schon in sich trägt, dann wird dieses Kapitel eine ziemliche Provokation für Sie sein. Da in allen Kulturen dieser Typ Mensch zu den durchsetzungsfähigsten gehört, ist er natürlich überall als Führungskraft und Manager höchst willkommen. Unser Hase ist so einer. Wenn Sie eine Führungsposition innehaben oder anstreben, sollten Sie auch so einer sein, gleich ob männlich oder weiblich. Wir wollen jedoch untersuchen, ob dieses Konzept auch heute noch so erfolgstreibend ist, wie es sich seit den Zeiten Ludwigs XIV. auch im Business etabliert hat.

Tatsächlich ist die Ähnlichkeit mancher Vorstandsetagen mit „bei Hofe" unverkennbar – wenngleich heute in der republikanisch-mutierten Variante. Die Grundzüge eines autokratischen Selbstverständnisses sind allerdings oft die gleichen, auch wenn es nicht gleich zu 17 Kindern des Vorstandsvorsitzenden führt, wie es bei Ludwig der Fall war. Der heutzutage im Westen dominante protestantische Arbeitsethos führte zu subtilen Formen von Eitelkeit, Selbstherrlichkeit und Herrschsucht. Diese werden von allen Stakeholdern meist gerne in Kauf genommen, wenn nur das Ergebnis stimmt. Und wer will dagegen schon etwas einwenden?

Allerdings, der Anspruch „Erfolg um jeden Preis" hat natürlich seinen Preis. Wer zahlt den? Wie immer, zunächst die „Untertanen", heutzutage – auch sprachlich nicht weit weg davon – die Untergebenen. Und natürlich der Potentat selber muss dafür zahlen – meist in Form einer erheblichen Persönlichkeitsdeformation. Zentrale menschliche Eigenschaften wie Kreativität, Freude, Kultur, Empathie und Eros bleiben dabei oft auf der Strecke. Erstaunlicherweise könnte unser Ludwig, der Sonnenkönig, jedoch auch hierfür als Vorbild dienen. Wenn er denn nur nicht ein so absolutistischer Herrscher gewesen wäre ... Wollen wir in der

Managemententwicklung weiter sein als das 17. Jahrhundert, dann müssen wir die Benchmark höher setzen als Ludwig. Erfolg im Business muss dann auch möglich sein ohne Verlust der Lebensfreude, gleich ob bei den Mitarbeitern oder im Management selbst. Ist das realistisch?

Relativitätstheorie für Manager

Einfluss und Einfühlungsvermögen, Macht und Mitgefühl sind selbst im Zentrum wirtschaftlicher Potenz nicht zwangsläufig Gegenspieler, sondern stehen sich oft befruchtend zur Seite. Entscheidend ist eher die Persönlichkeit, die lenkend im Zentrum steht. „Er war die ganz große Persönlichkeit", schreibt etwa die Frankfurter Allgemeine Zeitung über Alfred Herrhausen, den einstigen Sprecher der Deutschen Bank. Ihm gelang es wie nur wenigen anderen, stets zwischen Machtperspektive und Menschlichkeit zu pendeln, sich nicht vom Kapital korrumpieren zu lassen, sondern die Möglichkeiten und Verantwortlichkeiten der Finanzbranche stets kritisch zu betrachten. Wenn man von ihm sagt, „er wollte nicht nur die Bank, sondern die Welt verändern", ist das keineswegs übertrieben, denn Herrhausens Blick beschränkte sich nicht auf die eigene Position im großen Spiel, sondern er hinterfragte auch die Spielregeln:

> *Wir müssen uns jetzt mehr um die Dinge des Lebens kümmern, für die wir in den Aufbaujahren keine Zeit gehabt haben: Bildung, Gemeinsinn, persönliches Engagement, vernünftige Moral und moralische Vernunft, echte Autorität, Würde und gegenseitige Achtung. Es ist ein schwerer Dienst an der Freiheit – ein Dienst, den wir in allen Bereichen unserer Gesellschaft leisten müssen. Das ist die Probe, der keiner von uns entgeht.*

Der Blick aufs große Ganze bewahrte den Banker davor, sich selbst oder auch das eigene Unternehmen zu wichtig zu nehmen. Herrhausen speiste seine umfassende Perspektive aus der Philosophie. Er beschäftigte sich mit dem Denkbaren und zog auch Haltungen in Erwägung, die der eigenen widersprachen. Der von ihm gepflegte Diskurs floss mit den Denkströmungen der Zeit und ließ ihn die eigene Position immer wieder modifizieren. Aus dieser inneren Flexibilität schöpfte Herrhausen die Fähigkeit, das Wirken der Bank mit den äußeren, sich ebenfalls wandelnden Anforderungen abzustimmen. Damit erwächst aus der persönlichen, nicht verhärtenden Identität eine Integrität, die es dem Ich ermöglicht, den Wechselfällen des täglichen Lebens erfolgreich zu trotzen – gerade weil es ihnen keinen Widerstand entgegensetzt.

Ein weiteres Beispiel dafür, dass man als Manager seine besten Hasen-Qualitäten nicht über Bord werfen muss, um den inneren Igel zu finden, ist Mike Milken. Der Erfinder der Junk Bonds, der das Zocken an der Börse quasi salonfähig machte, galt Jahre lang als der Prototyp des kalten Kapitalisten, der über Firmenleichen geht. Nach dreieinhalb Jahren Haft Anfang der 1990er Jahre blickte er schließlich dem eigenen Nichts unvermittelt ins Auge – Diagnose: Krebs. Der einst von seinen Fans als „libertärer Denker" und „Vollstrecker der kreativen Zerstörung des Marktes" gefeierte Geldhai wurde unbarmherzig auf ganz Grundsätzliches gestoßen und musste lernen, seine Prioritäten neu zu definieren.

In der größten Krise fand Milken seine neue Mission: den Krebs besiegen. Aus dem einstigen Zerstören wurde ein Helfen, und dies betreibt der Bondguru nun mit genau derselben Kraft, mit der er früher mit Kursen jonglierte. Den Tod vor Augen, starb gewissermaßen die eigene Geltungssucht. Und wenn Mike Milken vorrechnet, dass ein Sieg über den Krebs in den Vereinigten Staaten dem monetären Gegenwert der gesamten Sachanlagen des Landes, die sich ungefähr auf 57 Billionen Dollar belaufen, entsprechen würde, sieht man leicht, dass die Werte, um die es geht, nicht nur eine ideelle Spielerei sind.

Beide Beispiele haben nicht nur die Finanzbranche gemeinsam, sondern auch ein vitales Grundprinzip: Wenn das Ego sich aus seiner Selbstbeschränkung befreit und sich als lebendiges Ich in den großen Fluss des Lebens einbringt, der neben wirtschaftlichen

Interessen auch den persönlichen Wunsch nach Ganzheit und Sinnhaftigkeit umfasst, entsteht etwas Größeres und Besseres. Und so wird der von Herrhausen angesprochene „Dienst an der Freiheit" auch zu persönlicher Freiheit.

Die Kreativität der Vielen feiern

Auch jenseits der großen Machtzentren entfaltet dieses Prinzip in der Wirtschaft längst seine Wirkung. Wenn Manager sich nicht darauf konzentrieren, die eigene Eitelkeit in den Mittelpunkt allen Handelns zu stellen, entsteht Raum für die Kreativität der Vielen. So verteilen sich nicht nur Lasten auf vielen Schultern, sondern es können zugleich bestmögliche Lösungen entstehen. Warum? Weil mehr Ideen immer besser sind als eine einzige!

Das Phänomen lässt sich leicht mit den nüchternen Mitteln der Statistik erklären, nämlich mit dem Mittelwert. Je größer eine Gruppe ist, die Entscheidungen trifft, umso besser sind die Ergebnisse. Der Kern: Wenn viele Menschen unabhängig voneinander eine Einschätzung treffen, sind die Einzelresultate sehr breit um das imaginäre beste Ergebnis gestreut. Nimmt man nun den Durchschnitt aller Vorschläge, kommt man dem Optimum sehr nahe und erschließt damit die „Weisheit der Vielen", wie der Wirtschaftsjournalist James Surowiecki diese Erscheinung in seinem gleichnamigen Buch nennt.

Der Softwarekonzern SAP machte sich dieses Prinzip beispielsweise zunutze, als er die Vorstandsressorts neu ordnete und einen Teil der bis dahin dem Vorstandsvorsitzenden vorbehaltenen Aufgabenfelder auf weitere Vorstandsmitglieder verteilte. Das System funktioniert anscheinend auch aus Sicht der Mitarbeiter, denn SAP wurde vom Wirtschaftsmagazin Capital bereits zwei Mal zu „Deutschlands bestem Arbeitgeber" gekürt.

Der Gütersloher Waschmaschinenhersteller Miele fährt seit nunmehr 107 Jahren „zweigleisig" auf Erfolgskurs, denn das Unternehmen gehört den Familien Zinkann (49 Prozent) und Miele (51 Prozent), die als Zweiergespann die Geschicke der Firma mit einem Jahresumsatz von 2,3 Milliarden Euro lenken. Das Tagesgeschäft wird dabei von fünf Geschäftsführern bestimmt. Die verteilte Macht bewahrt vor Alleingängen und Allmachtsansprüchen.

Der Discounter Aldi setzt auf flache Hierarchien und verzichtet auf Stabsstellen sowie starke Zentralbereiche wie Marketing oder Controlling. Dabei verfügen alle Mitarbeiter und Manager über klar umrissene Entscheidungsbefugnisse und können so dezentral nach eigenem Ermessen gestalten. Das Credo der Albrecht-Brüder: Nicht nur bei den Kosten streichen, sondern auch bei unnötigen Strukturen.

Der Vorteil von Unternehmen, die mit kleinen, flexiblen Einheiten arbeiten, liegt auf der Hand. Wo sowohl Verantwortung als auch Erfolg geteilt werden, haben alle – vom kleinen Mitarbeiter bis zum Manager – das gleiche Interesse: den Gewinn zu mehren. Die australische Reisebürokette Flight Centre Limited (geschätzter Unternehmenswert: eine Milliarde Euro) lässt ihre 7.500 Mitarbeiter als autonome Einheiten agieren. Vorschläge aus der Konzernzentrale müssen nicht umgesetzt werden, wenn die Mitarbeiter selbst bessere Ideen haben. Da jeder Mitarbeiter grundsätzlich jede Position im Unternehmen aus Eigeninitiative übernehmen kann, ist die Motivation entsprechend hoch – und die Gefahr verkrusteter Strukturen gering.

Die Angst vor dem Abgang

Alles zu schön, um wahr zu sein? In der Tat strotzt die deutsche (und internationale) Wirtschaft auch von Beispielen, die das Gegenteil zeigen. Wenn Manager nicht loslassen können und sich in ihren Positionen verbeißen, bewegt sich oft nicht mehr viel und wenn, dann meist nach unten.

Beispiele für selbstherrliche Gigantomanie finden sich nur allzu oft in Unternehmen. Die Automobilindustrie ist da keine Ausnahme, doch wenn ein Top-Manager, nicht zuletzt, um dem eigenen Machtanspruch ein Denkmal zu setzen, bei einer Mega-Fusion Milliarden in den Sand setzt, tut das nicht nur dem Unternehmen nicht gut. Der positive Ego-Effekt hat darüber hinaus nur eine geringe Halbwertszeit. Denn kaum wird der Vorstandssessel weiter gereicht, rücken meist auch schon die Bautrupps des Nachfolgers an, um an den Monumenten vergangener Herrscher genau die Schönheitskorrekturen zu vollziehen, die der neue Machthaber – oft wiederum für das eigene Ego – für nötig hält.

Nach langen Jahren des selbst inszenierten Heldentums mag es hart sein, innerhalb kürzester Zeit nur noch ein Anhang der Firmengeschichte zu sein. Und obwohl dieses Werden und Vergehen nur allzu natürlich ist, versuchen Manager dennoch immer wieder, durch Hyperaktivität im Hier und Jetzt diesen grundlegenden Mechanismus außer Kraft zu setzen. Unter die Räder kommt dabei die eigene Persönlichkeit, denn der Fluss der Zeit lässt sich nicht aufhalten. Dem ersten Atemzug folgt unwiderruflich irgendwann auch der letzte, wie folgende Zen-Geschichte kompromisslos darstellt:

Tanzan schrieb am letzten Tag seines Lebens zwanzig
Postkarten und bat einen Diener, sie einzuwerfen.
Dann verschied er.
Auf den Karten stand:
Ich verlasse diese Welt.
Das ist meine letzte Botschaft.

TANZAN, 27. JULI 1892

Dieser direkte Draht zum Leben – und damit verbunden das Gespür dafür, wann die Zeit abgelaufen ist – ist in der heutigen Zeit leider vielen Menschen abhanden gekommen.

Für Haribo-Patriarch Hans Riegel, der auch mit über 80 Jahren noch nicht ans Aufhören denkt, ist die Zeit noch längst nicht abgelaufen. Da er alle Fäden des Unternehmens fest in der Hand hält, ist klar, dass sein Herz, solange es schlägt, für die Gummibärchen und auf dem Chefsessel schlägt. Das mag für den Führungsnachwuchs in der eigenen Familie, der auch auf eine Chance wartet, zwar eine Durststrecke bedeuten, ist aber kein grundsätzliches Problem.

Viel schwieriger wird es, wenn man als Manager im Geflecht oft divergierender Interessen diese Macht über die eigene Position nicht hat – und das ist eigentlich meistens der Fall. In kaum einem Großunternehmen vergeht auch nur ein Jahr, in dem nicht im Vorstand oder Aufsichtsrat Stühle gerückt werden. Das Ende und der Wandel sind integraler Bestandteil des Spiels. Wer diese Perspektive innerlich berücksichtigt, tut sich deutlich leichter, wenn der Tag X dann eintritt – und auch schon vorher, denn stellt man sich dieser Gewissheit, haben diffuse und oft lähmende Ängste keine Chance. Die Kunst ist es, die eigene Bindung an eine Aufgabe von Moment zu Moment zu erneuern, ohne eine unendliche Geschichte zu erwarten.

Den Blick für die Vielfalt des Lebens zurück gewinnen

Es scheint, dass wir, solange wir rennen, der letzten aller Fragen noch ausweichen können. Der Preis: Die Fokussierung auf das eigene Ego verschleißt alle Energie, da sie sich gegen den natürlichen Fluss der Dinge richtet, anstatt ihn zu nutzen. Oder, wie der Mystiker Meister Eckhart in seinem Traktat „Vom Nutzen des Lassens, das man innerlich und äußerlich vollziehen soll" schreibt:

> *Nicht gedenke man Heiligkeit zu gründen auf ein Tun; man soll Heiligkeit vielmehr gründen auf ein Sein, denn die Werke heiligen nicht uns, sondern wir sollen die Werke heiligen. … Die nicht großen Seins sind, welche Werke die auch wirken, da wird nichts daraus. Erkenne hieraus, dass man allen Fleiß darauf verwenden soll, gut zu sein, nicht aber so sehr darauf, was man tue oder welcher Art die Werke seien, sondern wie der Grund der Werke sei.*

Die Warnung Meister Eckharts vor zerstreuter Aktivität, die ihren Sinn nicht kennt, ist ein guter Wegweiser. Sein Appell, „gut zu sein", ist dabei mehr als das Winken mit dem moralischen Zeigefinger. Wer mit sich selbst nicht eins ist, dem fehlt der feste Standpunkt, mit dem er seinem Wirken im Außen den nötigen Nachdruck verleihen kann. Das Ich, das im Innern eigentlich vor Angst schlottert, verliert die Fähigkeit, das, was in der Welt wirklich vor sich geht, überhaupt zu sehen.

Dieser extreme Selbstbezug ist vielen Menschen nicht einmal mehr bewusst. Lassen Sie sich also einmal von der folgenden Zen-Geschichte auf humorvolle Weise den Spiegel vorhalten. Ihr Hintergrund: In Japan war es in früheren Zeiten üblich, dass wandernden Mönchen in einem Zen-Tempel Unterschlupf gewährt wurde, wenn es ihnen gelang, aus einer Diskussion über den Buddhismus als Sieger hervorzugehen. Ein junger Mönch mit nur einem Auge wurde für den Disput mit dem Fremden ausgewählt und bestimmte, da er nicht sonderlich redegewandt war, dass die Auseinandersetzung schweigend geführt werden sollte:

Also begaben sich der junge Mönch und der Fremdling zum Schrein und setzten sich nieder.
Kurz darauf erhob sich der Reisende, ging zum älteren Bruder und sagte: „Dein jüngerer Bruder ist ein prächtiger Bursche. Er besiegte mich."
„Berichte mir den Dialog", sagte der Ältere.
„Nun", erklärte der Reisende, „zuerst hielt ich einen Finger hoch, der Buddha, den Erleuchteten, repräsentierte. Daraufhin hielt er zwei Finger hoch, was auf Buddha und seine Lehre deutete. Ich hielt drei Finger hoch, was so viel hieß wie Buddha, seine Lehre und seine Anhänger, die in Harmonie leben. Daraufhin stieß der mir seine geballte Faust ins Gesicht, womit er darauf hinwies, dass alle drei einer Verwirklichung entspringen. Somit gewann er, und ich habe nicht das Recht, hier zu bleiben."

Hiermit verließ der Reisende den Tempel.

„Wo ist dieser Kerl?", fragte der Jüngere, wobei er gegen seinen Bruder rannte.

„Ich denke, du hast die Debatte gewonnen."

„Nicht im Mindesten. Ich werde ihn verprügeln!"

„Erzähle mir den Inhalt der Debatte", sagte der Ältere.

„Nun, kaum sah er mich, da hob er einen Finger und beleidigte mich, indem er darauf anspielte, dass ich nur ein Auge habe. Da er ein Fremder war, wollte ich höflich zu ihm sein, und so hielt ich zwei Finger hoch, womit ich ihn dazu beglückwünschte, dass er zwei Augen hatte. Daraufhin hielt der unhöfliche Lump drei Finger hoch, um zu verstehen zu geben, dass wir zusammen nur drei Augen hätten. Da wurde ich wütend und wollte ihn verprügeln, aber er rannte hinaus, und damit endete es."

Die Geschichte ist natürlich zum Schmunzeln, doch zeigt sie, dass der, der nur sich selbst sieht, von dem, was „tatsächlich" passiert, nicht allzu viel mitbekommt. Wer sich selbst zu wichtig nimmt, hat bekanntlich auch nichts mehr zu lachen. Doch wie lassen sich diese wenig hilfreichen Mechanismen überwinden?

Nun, Management ist im Kern nichts anderes als ein Dienen – und zwar auf hohem Niveau. Denn es geht – oder sollte dies zumindest – immer um das große Ganze, die Zukunft eines Unternehmens, seiner Produkte und seiner Mitarbeiter, nicht um die Person, die gerade an der Spitze steht. Das mag schwierig zu akzeptieren sein, ist jedoch gewissermaßen ein Naturgesetz. Betrachten Sie einfach einmal, wie sich der Fluss der Dinge, das Werden und Vergehen, in der Natur äußert. Sicher ist es schön, wenn im Frühling alles blüht und sprießt. Aber kämen Sie umgekehrt auf die Idee, sich darüber zu beschweren, dass im Herbst die Blätter von den Bäumen fallen? Gerade in Anbetracht von Naturkatastrophen fühlen wir uns besonders machtlos, weil die Welt uns in diesen Momenten – so schrecklich sie in der Tat sein mögen – zeigt, wie gering doch unser Einfluss in Wirklichkeit ist.

Für eine Führungskraft ist dies natürlich schwer zu akzeptieren, denn viele Manager sehen ihre Kompetenz ja gerade darin, anderen immer zu sagen, wo es lang geht, und auf alles eine passende Antwort zu haben. Dem Ego schmeichelt diese Position natürlich, doch was, wenn es vielleicht keine Antwort gibt? Ganz nebenbei entgeht Ihnen, wenn Sie sich mit Ihrem Job überidentifizieren, ein großer Teil des restlichen Lebens – der Ihnen möglicherweise auch Antworten auf Fragen geben kann, die Sie so noch nie gestellt haben. Fragen Sie sich doch mal: Wer bin ich eigentlich? Jenseits meines Jobs als Manager, jenseits aller anderen Rollen? Und: Wer stellt diese Frage? Wenn Sie dies eine Weile wirken lassen, werden Sie sich wahrscheinlich ein wenig ungemütlich fühlen, denn es gibt keine „richtige" Lösung, weil jeder Versuch, eine endgültige zu finden, Sie nur wieder auf die eingangs gestellten Fragen zurückwirft.

Dieser Zustand der Verwirrung ist Frage und Antwort zugleich. Sie können sich erinnern, was war, und Sie können sich überlegen, was Sie von der Zukunft erwarten, aber Sie können den Augenblick nicht festhalten. Das ist gewissermaßen ein „Sterben" von Moment zu Moment. Und genau hier liegt Ihre persönliche Chance, denn wenn jeder Atemzug den Hauch des Neuen mit sich bringt, können und dürfen Sie sich auch immer wieder neu erfinden! Sie müssen sich kein Denkmal setzen, das ohnehin irgendwann Moos ansetzt, sondern Sie haben jederzeit die Wahl, wer und wie Sie gerade sein wollen. Ob Sie gerade wichtig oder unwichtig sind, spielt dann überhaupt keine Rolle mehr, denn über dieser neu gewonnenen Freiheit sind Sie vor allem eines: Sie selbst.

EXPERIMENT

Das eigene Leben spielerisch wieder entdecken

► *Machen Sie Urlaub vom Ego*

Sie müssen Ihren inneren Hasen nicht aufs Abstellgleis schicken, wenn Sie sich dem Würgegriff Ihres Egos entziehen wollen. Ganz im Gegenteil: All die Qualitäten, die Sie in Bewegung halten und nach vorne bringen, werden nur noch mehr positive Wirkung entfalten, wenn Sie den Igel ins Spiel integrieren. Denn dann rennen Sie künftig nicht mehr aus purem Reflex orientierungslos über den Acker, sondern aus innerer Überzeugung und freudvoll in die richtige Richtung.

Der erste Teil des Experiments ist herrlich einfach, denn Sie brauchen dafür nichts zu tun. Machen Sie einfach vier Wochen Urlaub. Ja, Sie haben richtig gelesen: VIER Wochen.

In vielen Unternehmen regiert inzwischen der Sarkasmus: wer länger als zwei Wochen am Stück entbehrlich ist, den braucht man auch den Rest des Jahres nicht mehr. Machen Sie einfach mal den Test, ob das so wirklich stimmt. Dieses Test-Spiel hat zwei Ergebnisvarianten. Entweder alle sind nach vier Wochen überzeugt, dass Sie wirklich unentbehrlich für die Firma sind (Achtung: Ego-Falle!), oder Sie sind tatsächlich überflüssig. Das hätten Sie niemals auf so angenehme Weise herausgefunden,wie durch vier Wochen Urlaub, oder?

Ritual: Renovieren Sie Ihr Selbstbild

Vielleicht sind Sie zunächst einmal ein wenig ratlos, was Sie mit den vier Wochen nun anfangen sollen. Ganz einfach: herausfinden, was Ihnen außer Ihrem Job (und der damit verbundenen Selbstbestätigung) sonst noch im Leben wichtig ist. Nehmen Sie sich jeden Tag eine viertel Stunde Zeit und machen eine Liste. Was wollten Sie schon immer einmal gerne tun? Wofür hat Ihnen bisher immer die Zeit gefehlt? Welche Bücher wollten Sie schon lange lesen? Welches Theaterstück oder welchen Kinofilm sehen? Mit welchen Menschen verbringen Sie weniger Zeit, als Ihnen eigentlich gut tun würde? Welche Träume haben Sie? Wiederholen Sie dieses kleine Ritual jeden Tag und Sie werden nach vier Wochen eine stattliche Liste mit Ideen haben – und damit auch ein neues Bild von sich selbst gewinnen. Dieses „Futter" macht Ihnen deutlich, wie viel Leben es neben der Arbeit geben kann.

Die Umsetzung ist relativ anspruchsvoll, denn wenn bisher Ihr Ego den Ton angegeben hat, wird es natürlich alles daran setzen, auch weiterhin die Oberhand zu behalten und Sie mit inneren Monologen im Stil von „Was für ein Blödsinn!" oder „Wozu soll das alles gut sein?" bombardieren. Das ist ein natürlicher Reflex, den Sie jedoch in aller Gelassenheit mit der Zeit überwinden können. Der Weg: Vipassana, eine Meditationstechnik, die übersetzt in etwa bedeutet, „die Dinge zu sehen, wie sie wirklich sind".

Vipassana: Sehen Sie die Dinge, wie sie wirklich sind

Suchen Sie sich einen ruhigen Ort, an dem Sie für einige Zeit ungestört sind. Sie können auf einem Meditationskissen sitzen oder aufrecht auf einem Stuhl. Nun atmen Sie einfach ruhig ein und aus und richten Ihre ganze Aufmerksamkeit auf den Fluss des Atems. Vipassana ist eine selbsterforschende Reise, die Ihnen mit jedem Mal Ihre ureigenen Illusionen vor Augen führt. Das ist sehr befreiend, wenn wir erst einmal die Angst vor der Freiheit überwunden haben!

Zur Methode gehört das „Innere Etikettieren". Jede Wahrnehmung wird einfach registriert und mit einem Begriff benannt. In der Stille ist das leicht zu üben. Dann zeigen sich alle Wahrnehmungen wie unter einem Vergrößerungsglas: Denken, Gefühle, Erinnerungen, Schmerzen. Was immer „auftaucht", es wird lediglich benannt, etikettiert – mehr nicht. Es ist wie eine streng wissenschaftliche Übung: Wahrnehmen ohne Leidenschaft, registrieren ohne Prioritäten. Der Effekt ist verblüffend. Zwischen dem Ich, das all diese Dinge wahrnimmt, und den Dingen selbst, besteht zwar ein Zusammenhang, doch sind sie nicht eins. Je mehr sich das Ich von all seinen (Selbst-) Täuschungen löst, umso mehr werden Sie einen tiefen inneren Einklang spüren.

Wenn Ihnen das für den Anfang zu viel Innenschau ist, können Sie es auch mit Sport probieren, denn Mannschaftssportarten wie Fußball, Volleyball oder Basketball sind wunderbar dazu geeignet, dem Ego eine Auszeit zu gönnen – vorausgesetzt, es geht Ihnen nicht wieder ausschließlich nur ums Gewinnen, sondern um den Spaß! Und ganz nebenbei: Ein kühles Bier in fröhlicher Runde schmeckt auch nach einem verlorenen Spiel.

Golf ist übrigens auch erlaubt – aber nur, wenn Sie mit einem Japaner spielen, mit dem Sie ein größeres Geschäft abschließen wollen. Denn dann müssen Sie ihn „gewinnen" lassen, damit er sein Gesicht nicht verliert. Eine schöne Gelegenheit, in Würde und Demut verlieren zu lernen. Dann sind Sie auf dem Weg, der Sonnenkönig des 21. Jahrhunderts zu werden.

VIII. Den tieferen Sinn entdecken – Vollkommenheit gewinnen

Hasen-Syndrom: ***Perfektions-Sucht***

Fragen Sie sich manchmal, ob Sie das Beste aus Ihrem Leben machen? Als Manager, aber auch schlicht als Mensch? Wenn Sie nur lange genug in sich hinein hören, stoßen Sie auf die tiefe Sehnsucht nach Vollkommenheit und Harmonie. Nicht gleich abtun, denn Sie sind auf dem richtigen Weg. Diese Sehnsucht ist tatsächlich Ihr Wegbereiter für ganzheitlichen Erfolg.

Es war einmal ein Unternehmen und das hatte ein Motto. Es lautete in schlichter schwäbischer Mundart: „Des Beschte – und sonst nichts!" Als dieser Claim noch Gültigkeit hatte, sind nicht nur besonders gute Autos von diesem Unternehmen gebaut worden, sondern auch besonders schöne. Ist dieser Geist in Deutschland endgültig verloren gegangen? Rennen wir mit unseren Erfindungen nur noch hinter den Amerikanern her – und mit unserer Produktion den Chinesen? Haben wir überhaupt noch Freude daran, etwas besonders gut zu machen? Nun, vielleicht haben wir mit unseren Management-Hasen ein grundlegendes Problem. Sie arbeiten nicht, weil es ihnen Freude bereitet, sondern weil sie sich und den Igel-Kollegen beweisen müssen, wie gut sie rennen, wie perfekt sie sind. Mit dieser egomanen Perfektionssucht verlieren wir leider jede Chance auf Vorteile im globalen Markt. Wir nehmen nicht einmal wahr, dass uns die Kräfte unterwegs ausgehen, sondern wir machen weiter bis zum Umfallen.

Die Igel-Typen haben – auf den ersten Blick – die bessere Wahl getroffen, indem sie sich clever durchlavieren, ohne sich besonders anzustrengen. Wie jeder aus der betrieblichen Praxis weiß, stellt auch diese Spezies nicht gerade die Leistungsträger im Unternehmen. Aber was ist denn nun die „vollkommene" Führungspersönlichkeit? Vor allem hat sie es nicht nötig, über Leichen zu gehen. Sie wird immer schöpferisch nach der bestmöglichen Lösung suchen und stets Gegnerschaften in Gemeinsamkeiten transformieren.

Das ist kein unerreichbares Ideal. Jeder kennt Unternehmen, die nach diesem Prinzip wunderbar funktionieren. Oft unterstellt man solche Qualitäten einem erfolgreichen Wettbewerber, weil man im eigenen Unternehmen zu selbstkritisch ist. Wir können es auch anders herum betrachten: Wann immer Mitarbeiter hoch motiviert sind, ist der „Spirit der Vollkommenheit" im Spiel.

Die Seele berühren lassen

Die Sehnsucht nach Vollkommenheit ist ein Grundparameter menschlichen Seins. Leider wird gerade in westlichen Kulturen die Vorstellung einer Ganzheit, einer Harmonie, die sich durch das ganze Leben zieht, oft mit Argwohn beäugt. In östlichen Kulturen ist dieses Konzept dagegen seit jeher die Vision allen Tuns und Seins. Seit mit der Globalisierung das Ferne in die Nachbarschaft gerückt ist, wurde unser Blick sensibler für diesen einen großen, übergeordneten Zusammenhang. Das Handeln im Außen, in der materiellen Sphäre der großen weiten Welt, hat immer auch ein Pendant im Innen, in der persönlichen Verfassung der Akteure.

Als Manager führen Sie gerade dann am besten, wenn Sie dieses Zusammenspiel von Innen und Außen auf einer Stufe der Vollkommenheit zusammenführen. Dabei geht es sowohl um Ihre Persönlichkeit als auch um Ihre Beziehungen – zwischen Ihnen und anderen und gleichzeitig auch zum großen Ganzen. Diese Betrachtungsweise mag Ihnen vielleicht zunächst etwas esoterisch vorkommen, doch haben Sie diese Entwicklung in Teilen bereits völlig unbewusst im Laufe Ihres Lebens durchlaufen – schlicht weil sie zutiefst menschlich und natürlich ist.

Sie werden – im besten Falle – immer weniger egozentrisch und können sich immer mehr mit innerer Offenheit auf Ihre Umgebung und Mitmenschen beziehen. Auf dieser Stufe treten Sie in eine Phase ein, die der amerikanische Philosoph und Vordenker einer transpersonalen Psychologie Ken Wilber die postkonventionelle Ich-Identität nennt. Die Chance dieses inneren Entwicklungsprozesses beschreibt Wilber dabei wie folgt:

> *Statt die Welt und andere als eine Erweiterung des Ichs zu behandeln, begegnet der reife Erwachsene des postkonventionellen Bewusstseins der Welt, wie es dieser entspricht, und zwar als ein individualisiertes Ich in einer Gemeinschaft anderer individualisierter Ichs, die mit wechselseitiger Anerkennung und Achtung miteinander*

umgehen. Die Entwicklungsspirale ist eine Spirale des Mitgefühls, die sich von Ich zu Wir zu Wir alle ausweitet und von dort aus offen ist für eine wahrhaft integrale Zusammenschau.

Und genau hier beginnt Ihre eigentliche innere Freiheit und damit der Keim der Vollkommenheit, denn diese integrale Perspektive – und darüber hinaus eine das gesamte Sein umfassende transpersonale Sicht – ist gewissermaßen der Kern der menschlichen Seele. Ein schon immer vorhandenes Programm, das nur darauf wartet, aufgerufen und ausgeführt zu werden.

Vielleicht fragen Sie sich jetzt, was das alles mit Management zu tun hat. Nun, in den bisherigen Kapiteln haben Sie bereits gesehen, dass wir immer dann, wenn wir übertrieben impulsiv, egozentrisch oder konformistisch agieren, vom bestmöglichen Weg und Ergebnis abkommen. Hier sehen Sie nun, wie der Weg zu nachhaltigem Erfolg und dabei einem Höchstmaß an Zufriedenheit aussehen kann. Die Entwicklungsmöglichkeiten Ihrer Seele waren schon immer da und wenn Sie sie nutzen, sind Sie der Vollkommenheit schon einen großen Schritt näher gekommen.

Das Thema Seele ist sicher vielen gestandenen Führungspersönlichkeiten suspekt, wird es doch oft als überflüssiger Psycho-Schnickschnack angesehen. Die Neurobiologie bietet hier eine eher nüchterne Faktenversion dieser Zusammenhänge, denn für sie ist die Seele schlicht ein System, bei dem durch Botenstoffe Reaktionen hervorgerufen werden. Sind die Impulse, denen dieses innere System ausgesetzt wird, überwiegend negativ, bricht es irgendwann zusammen. Das, was die Wirtschaft unter Leistung versteht, ist damit nur möglich, wenn mehr positive als negative Reaktionen in Gang gesetzt werden.

Vor diesem Hintergrund ist die innere Sehnsucht nach Vollkommenheit ein kluger Überlebens- und Selbsterhaltungsmechanismus, denn wenn die Kraftreserven aufgebraucht sind, geht gar nichts mehr. Selbst wenn Sie also Ihrer inneren Stimme (noch) misstrauen und glauben, dass Vollkommenheit für Sie kein Antriebsmoment ist, ist es – aus einer funktionalistischen Sicht – dennoch nützlich, sich auf diese Perspektive einzulassen.

Die Vollkommenheitsmetapher hat zwei Perspektiven. In der materiellen Sphäre manifestiert sie sich über Produkte, Dienstleistungen, den objektiven Output von Unternehmen. Auf der immateriellen Ebene umfasst sie die Frage, wie in Unternehmen geführt wird, mit welchen Werten und welchem Spirit eine Organisation ihren Weg geht. Aus diesem Grund sprechen die Experten in diesem Zusammenhang immer weniger von Management, also einer sehr stark an Methoden orientieren Führungsweise, sondern von Leadership, einem Begriff, der die Persönlichkeit und die menschlichen Fähigkeiten von Führenden ins Zentrum der Aufmerksamkeit rückt. Beide Dimensionen leben davon, dass die Idee der Vollkommenheit kein starres Konzept ist, das einmal definiert wird und dann schlicht zu erreichen ist, sondern ein Ideal, welches sich im permanenten Fluss der Zeit an Herausforderungen reibend immer wieder selbst aktualisieren muss.

„Made in Germany" – Vollkommenheit oder Auslaufmodell?

Der Prototyp der Vollkommenheitsidee ist „Made in Germany". Eng verbunden mit dem ökonomischen Wiederaufstieg Westdeutschlands nach dem Zweiten Weltkrieg bündelten sich hier Aufbruchstimmung und Qualitätsversprechen, Veränderungswille und Ideenreichtum. Der Hase rannte mit starkem Antrieb los, behielt jedoch zunächst die Augen offen, um überhaupt sehen zu können, in welchen Bereichen ein Engagement lohnenswert sein könnte. Das Ergebnis konnte sich sehen lassen. Noch vor wenigen Jahren genossen Autos und Maschinen aus Deutschland höchstes Ansehen – und ganz nebenbei auch das deutsche Bier.

Doch irgendwann auf dem langen Weg des Erfolgs kam dem Hasen der Igel-Blick abhanden und zwei Dinge passierten, die nachhaltig am Image der einstigen Qualitätsprodukte kratzten.

Mancherorts ging der einstige Vollkommenheitsfokus schlicht verloren. Gute Ideen wurden zwar immer schneller, aber nur noch lax umgesetzt, was beispielsweise in der Automobilindustrie zu teils spektakulären Rückrufaktionen führte.

Andernorts wurde aus der Idee der Vollkommenheit der Zwang zur Perfektion. Der Qualitätsanspruch wich einer Detailwut, die beispielsweise zu immer komplexeren Autos führte. Diese wurden aber zugleich immer teurer, und die wachsende Vielfalt der Produktion überforderte schlichtweg Hersteller und Kunden gleichermaßen. Der japanische Hersteller Toyota schaffte es wohl am besten, sich den Vollkommenheitswünschen der Kunden anzupassen und dabei sowohl anspruchsvolle und trotzdem kostengünstige Fahrzeuge auf den Markt zu bringen. Die folgende Zen-Geschichte bringt diese Idee in ergreifender Einfachheit auf den Punkt:

Tee-Meister Rikyu beobachtete seinen Sohn Shoan, wie er den Gartenweg fegte und mit Wasser sprengte. „Nicht in Ordnung", sagte Rikyu streng, als sein Sohn die Arbeit beendet hatte, und gab ihm auf, es noch einmal zu tun. Nach einer Stunde ermüdender Arbeit wandte sich der Sohn an Rikyu und sagte: „Vater, nichts ist mehr zu tun. Die Stufen sind zum dritten Mal gewaschen, die Steinlaternen geputzt, die Bäume gegossen, das Moos mit Wasser besprengt, und alles leuchtet in frischem Grün. Nicht ein Zweig, nicht ein Blatt liegt mehr auf dem Boden. „Junger Narr", schalt der Tee-Meister, „so soll man keinen Gartenweg fegen." Rikyu trat in den Garten hinaus, schüttelte einen Baum und streute so über Gras und Weg goldene und purpurfarbene Blätter.

Shoan hatte sich alle Mühe gegeben, seine Aufgabe perfekt zu erfüllen. Und genau hier liegt das Problem, denn wer nur ein Schema im Kopf hat und dies bestmöglich reproduziert, schneidet sich vom Fluss des Lebens ab. So entstehen statische Hochglanzbilder ohne Ausstrahlung und Überzeugungskraft. Das ist bei Teegärten so und bei Alltagsprodukten wie Autos ebenfalls.

Vollkommenheit ist die Verbindung aus Weite und Wandel, die sich in stetigem Fluss befindet und zu immer neuen Höhen des Besseren aufschwingt. Oder, wie der französische Schriftsteller Antoine de Saint-Exupéry sagt: „Die Technik entwickelt sich vom Primitiven über das Komplizierte zum Einfachen." Der Drang zur – meist spröden – Perfektion dagegen verengt den Blick und erstickt jede Bewegung im Keim. Dieses Schicksal widerfuhr auch – vor allem in den letzten Jahren – dem einstigen Prädikatssiegel „Made in Germany". So zeigt eine Studie der Identity Foundation, dass nur etwa 20 Prozent der Deutschen glauben, deutsche Produkte aus den Bereichen Telekommunikation und Computertechnik genießen weltweit ein hohes Ansehen. Von deutscher Bio- und Gentechnologie sind gar nur noch elf Prozent überzeugt. Der einstige Primus hat den Anschluss, gerade in den Zukunftsbranchen, verpasst, was sich auch darin äußert, dass mit deutschen Produkten zwar Tradition, Qualität und vor allem Industrie assoziiert werden, nicht jedoch Modernität, Zukunft oder die immer wichtiger werdende Branche der Dienstleistungen.

Doch im Jammertal, der sich an einer „Geiz-ist-Geil"-Perfektion erschöpfenden Verlierer von heute und morgen, gibt es auch Lichtblicke. Der Anbieter Manufactum, der mit dem Slogan „Es gibt sie noch, die schönen Dinge" wirbt, beispielsweise zeigt, wie Vollkommenheit aussehen kann. Und dies nicht nur mit seinen ausgewählten und qualitativ hochwertigen Produkten, sondern auch mit ausgezeichnetem Service. Wenn Sie bei Manufactum eine Teekanne kaufen und Ihnen der Deckel aus Versehen kaputt geht, müssen Sie sich nicht ärgern, denn in der – sehr umfangreichen – Rubrik Ersatzteile können Sie einfach einen neuen bestellen. Oder nehmen Sie die Berenberg Bank, Deutschlands ältestes Bankhaus, das souverän von sich sagt: „400 Jahre Erfahrung hat Zukunft". Das finden nicht nur die Banker selbst, sondern auch die Branche – und die Kunden ohnehin. So erhielt der „intellektuelle

Marktführer" von der Private Banking Prüfinstanz die Auszeichnung „Top-Vermögensmanager" und zeigte deutlich, dass er nicht nur in der Lage ist, die Eigenkapitalrendite auf stolze 40 Prozent zu pushen, sondern auch für die Kunden das Beste herauszuholen. Bei Berenberg spricht man nicht über ein Prinzip à la „Leistung aus Leidenschaft", sondern man macht aus ihm gelebte Vollkommenheit.

Leadership – alles vollkommen und im Fluss

Und damit kommen wir zum zweiten Aspekt der sinnvollen Abkehr von der Perfektionssucht, nämlich der Führungsqualität. Bei Berenberg klopft man sich nicht auf die Schulter, weil man schon 400 Jahre lang erfolgreich am Markt ist, sondern das Unternehmen pflegt auch eine Arbeitskultur der Vollkommenheit, die sich durch Qualität und Kontinuität auszeichnet. Seit zehn Jahren gab es im Private Banking fast keine Fluktuation, was sicherlich auch daran liegt, dass die Bank ihre Berater passend zum sehr persönlichen Stil des Unternehmens rekrutiert.

Leadership heißt übersetzt zunächst einmal nichts anderes als Führung. Noch immer verstehen allzu viele Manager darunter jedoch schlicht Herrschaft, die perfekt inszenierte Macht über ihre Untergebenen – und blenden dabei wesentliche Aspekte aus, die gelungene Führung erst möglich machen. Erfasst man die Idee, die hinter dem Leadership-Prinzip steckt, in ihrem ganzen Ausmaß, wird klar, dass es hier um eine Art „heil sein" im Sinne von Ganzheit geht, um eine Balance von Anspannung und Entspannung, von Machen und Geschehenlassen, oder – wie die Samurai es einst sahen – um eine Verbindung von innerem und äußerem Geist:

> *Der Teil der mentalen Zusammensetzung, der sich innen befindet und detaillierte Pläne entwickeln kann, wird innerer Geist genannt; der Teil, der diese Pläne ausführt, äußerer Geist. Der innere Geist kann mit einem Meister verglichen*

werden, der äußere mit seinem Diener. Der innere Geist bleibt innen und benutzt den äußeren Geist. Wenn letzterer überarbeitet ist, kommt er ins Stocken. Du musst den äußeren Geist mit dem inneren verbinden, damit er nicht davongetragen werden kann.

Wahrscheinlich kennen Sie selbst aus Ihrem Führungsalltag genügend Beispiele, bei denen Ihnen das nicht so ganz gelingt. Wer glaubt, immer im Hasen-Modus funktionieren zu müssen, trägt den äußeren Geist selbst davon und sorgt so dafür, dass er sich über kurz oder lang tot läuft. Andererseits: Wenn Sie zu lange im Inneren mit sich, den Umständen und der ganzen Welt hadern, ist der Zug abgefahren.

In vielen Unternehmen sind beide Varianten sehr verbreitet, wobei der „innere Geist" sich hier oft durch Pseudoaktivitäten tarnt. Wenn Entscheider erst zig Marktuntersuchungen in Auftrag geben, noch mehr Powerpoint-Präsentationen in Meetings durchkauen und die x-te Vorlage für die Vorstandssitzung formulieren, bevor sie sich in der Lage sehen, sich für eine der grundsätzlich unzähligen Möglichkeiten klar zu entscheiden, kaschiert der Perfektionswahn lediglich die Angst, Fehler zu machen.

Dabei geht es doch genau um das Gegenteil. Vollkommenheit schließt Fehler ein, integriert sie zu Schönheit. Schon Kant stellte in seiner „Kritik der Urteilskraft" sehr treffend fest:

Das Geschmacksurteil, wodurch ein Gegenstand unter der Bedingung eines bestimmten Begriffs für schön erklärt wird, ist nicht rein.

Wer die Vollkommenheit (Kant nennt sie die „freie Schönheit") nur unter rigide festgelegten Bedingungen erkennen kann oder will, wird sie nie finden. Umgekehrt ist das vorherige Festlegen von Zweckmäßigkeiten und Erfolgskriterien kein Garant für Wohlgefallen.

Es gibt das Experiment, mit einer Fotomontage eine Gesichtshälfte der Mona Lisa zu kontern und dadurch das Portrait eines perfekten Gesichtes zu erzeugen. Das Ergebnis zeigt, dass es zwar perfekt, aber nicht vollkommen ist. Es ist nicht schön. Unternehmerische Prozesse, die auf Perfektion angelegt sind, versuchen, Fehler zu eliminieren. Prozesse, die einen Anspruch auf Vollkommenheit haben, integrieren Fehler.

Einen einfachen Weg gehen

Für Pater Anselm Bilgri, der im Kloster Andechs Einkehrtage und Seminare für Führungskräfte organisiert, ist die Sache klar:

> *Manager müssen Leistung bringen, um geschätzt zu werden. Die Liebe Gottes aber ist den Menschen von Anfang an geschenkt, ohne dass sie dafür etwas tun müssen.*

Das Beste daran ist: Wir müssen nur genau hinschauen, denn sie ist allgegenwärtig. Dabei ist es gleichgültig, ob Sie es schön fromm „Liebe Gottes" oder „Seelenfünklein" (Meister Eckhart) oder Satori wie im Zen nennen. Entscheidend ist doch, dass da tief in unserer Seele etwas Vollkommenes ist, mit dem wir uns tatsächlich verbinden können. Wenn das wirklich so ist – und vieles spricht dafür – dann könnten wir doch ziemlich entspannt an unsere Problemlösungen gehen, wir müssten nicht immer nur taktieren, herumlavieren oder uns durchwursteln (eine Haltung, die übrigens auch bei unserem Igel zu finden ist), sondern wir können auch einen einfachen Weg gehen – einen, der nicht nur uns selbst gut tut, sondern nebenbei auch dem Unternehmen und den Mitarbeitern zugute kommt.

Manager, von denen gerade die Rede ist, leiden auch nicht an einem Gutmenschensyndrom. Sie geben schlicht dem inneren Ruf ihrer Seele nach und finden damit einen neuen Weg, wie sie ihr „Kerngeschäft" noch besser bewältigen können – vollkommen statt perfekt. So entsteht der Raum für magische Momente, in denen die Grenzen zwischen Wunsch und Wirklichkeit verschwinden, oder, wie Eugen Herrigel in seinem Buch „Zen und die Kunst des Bogenschießens" es so treffend darstellt:

> *Wenn die Spannung erfüllt ist, muss der Schuss fallen, er muss vom Schützen abfallen wie die Schneelast vom Bambusblatt, noch ehe er es gedacht hat.*

Wenn Ihnen das zu prosaisch ist, können Sie auch die „wilde" Variante wählen. So wie Frank Behrendt, Deutschlandchef der Kommunikationsagentur Pleon. Seine Version von Vollkommenheit: Kreativität, Angriffslust und Leidenschaft. Seine Formel für Stil- und Verhaltensfragen: „Ich rege mich nicht auf, knalle keine Türen und brülle auch nicht herum. Ich muss auch nicht einmal um den Block rennen, um mich abzuregen – weil ich mich eben erst gar nicht aufrege."

Ob wild oder fromm – der Kern ist der gleiche: Lernen Sie einfach, in allem die inhärente Schönheit zu sehen. Sie kann in allem entstehen, wenn Sie nur richtig hinschauen.

EXPERIMENT

Finden Sie Ihren eigenen Weg der Vollkommenheit

► *Üben Sie sich in Hingabe*

Sie haben sicherlich bereits bemerkt, dass Vollkommenheit kein endgültiges Ziel ist, sondern ein stetiger Weg, eine Kunst, ein permanenter schöpferischer Akt, der eigentlich nie endet. Dieser Gedanke ist unserer westlichen Kultur zunächst einmal eher fremd, da der Perfektionsdrang immer auf Lösungen aus ist – die noch dazu möglichst schnell erreicht werden sollen. In Asien dagegen haben die Wege der Vollkommenheit Tradition, nicht nur, weil sie Körper und Geist schulen, sondern weil sie schlicht das Menschliche im Menschen zum Vorschein bringen. Im kaiserlichen Japan trainierten gute Kämpfer nicht nur mit ihrem Schwert, sondern sie gingen auch einen der künstlerischen Wege, um ihre äußeren und inneren Ressourcen zu verbinden. Bei der japanischen Tee-Zeremonie beispielsweise geht es nicht nur darum, dass der zubereitete Tee schmeckt, sondern jeder Handgriff ist ein Akt der Hingabe, der die Augenblicke bis zum Genuss zelebriert. Oder betrachten Sie einmal ein Ikebana-Gesteck. In der Kunst des Blumensteckens geht es nicht um ästhetische Perfektion, sondern darum, die wahre Schönheit der Natur einzufangen.

Wenn Sie selbst den Hauch der Vollkommenheit spüren wollen, können Sie eine dieser Künste erlernen. Dabei werden Sie sowohl Ihren Hasen als auch Ihren Igel zur Mitarbeit motivieren müssen, denn die Kunst liegt darin, die

Zähigkeit des Hasen mit der Entspanntheit des Igels zusammenzubringen und zur Vollendung zu führen. Um es vorweg zu sagen: Bei diesem letzten Experiment gibt es kein Schnuppern, denn sein Zauber entfaltet sich erst in der fortwährenden Praxis. Aber wenn Sie das Buch bis hierhin gelesen und einige der Experimente ausprobiert haben, sind Sie vielleicht neugierig genug, um sich auf diese Perspektive einzulassen.

Sie können beispielsweise die Bewegungskunst Tai Chi erlernen oder es, falls Sie sich davon eher angesprochen fühlen, auch mit Kalligraphie versuchen. Die Wege sind gleich, denn Sie werden zunächst durch Imitation von einem Lehrer die Grundzüge der Kunst erlernen, die Technik, gleich ob Sie Körperbewegungen nachahmen oder einen Pinselstrich. Was zählt ist, sich mit den Basics vertraut zu machen. Dieser Prozess kann Jahre dauern – und wenn Sie ihn endlich gemeistert haben, fängt er von vorne an, weil Sie dann damit beginnen, Ihre eigenen „Bewegungen" zu finden. Ein Ende des Lernens ist dabei nicht vorgesehen, denn auch die „Meister" lernen ein Leben lang. Und irgendwann, wenn Sie es vielleicht nicht mehr zu hoffen wagen, wird sich die Vollkommenheit – oft in einem Moment unauffälliger Schlichtheit – offenbaren.

► *Nutzen Sie den Alltag als Experimentierfeld*

In einer Zeit, in der jeder auf die sofortige Befriedigung seiner Bedürfnisse aus ist, wirkt dieser Zeithorizont natürlich zunächst wie eine Zumutung. Doch wenn Sie sich erst einmal auf diesen Prozess eingelassen haben, wird irgendwann Ihre innere Sehnsucht die Führung übernehmen. Sollten Sie zwischendurch zweifeln, halten Sie sich einfach an die Ratschläge des chinesischen Zen-Meisters Zengetsu:

Für einen ernsthaften Schüler ist jeder Tag ein Glückstag. Die Zeit vergeht, aber er bleibt niemals hinter ihr zurück. Lebe mit Sinn und überlasse dem großen Gesetz des Universums die Ergebnisse. Verbringe jeden Tag in friedvoller Versenkung.

Und sollten Sie keine Lust auf Tai Chi oder Kalligraphie haben, dann machen Sie doch gleich Ihren ganzen Alltag zum Experimentierfeld. Jede noch so kleine Kleinigkeit eignet sich zum Üben. Die einzige Regel: Ausweichen gilt nicht. Denn sonst geht es Ihnen womöglich wie John, einer Figur aus Robert M. Pirsigs Roman „Zen und die Kunst ein Motorrad zu warten":

Als ich eines Morgens in ihrer Küche wartete, merkte ich, dass der Wasserhahn tropfte, und mir fiel ein, dass er auch das letzte Mal schon getropft hatte, ja dass er schon immer getropft hatte, solange ich zurückdenken konnte. Als ich John darauf ansprach, erklärte er mir, er habe versucht, die Dichtung auszuwechseln, aber es sei nicht gegangen. Weiter nichts. Damit war die Sache für ihn offenbar erledigt. Wenn man einen tropfenden Wasserhahn reparieren will, und es geht nicht, dann ist man eben vom Schicksal dazu verdammt, mit einem tropfenden Wasserhahn zu leben.

Wollen Sie sich also mit einem tropfenden Wasserhahn begnügen oder sich den sprudelnden Quell des Lebens erschließen?

Wut auf dieses Buch ... oder Lust auf mehr?

(Hasen-Syndrom: ***Nachwort****)*

Ihre Reaktion könnte so oder so ausfallen. Denn immerhin haben wir uns erlaubt, die Sicht dessen, was gemeinhin als „Business as usual" gilt, auf den Kopf zu stellen. Wenn Sie lieber weitermachen wollen wie bisher, werden Sie sich vielleicht über dieses Buch ärgern. Das wäre schade. Denn es handelt sich hier nicht um eine „Anleitung zum Unglücklich sein", auch wenn die Lektüre ähnlich wie bei dem bekannten gleichnamigen Titel des Psychoanalytikers Paul Watzlawick stellenweise wie ein Blick in den Spiegel ist, sondern um die Einladung, neue Wege auszuprobieren.

Fragen Sie sich einmal, was Sie *wirklich* wollen. Vielleicht denken Sie jetzt: Na ja, andere bedeutende Manager sind doch nicht unglücklich, bloß weil sie ein paar Milliarden in den Sand gesetzt haben. Oder einige, die ihre überehrgeizigen Renditeziele nicht erreicht haben. Für sie ist das doch nur ein zusätzlicher Ansporn. Manchmal kommt man tatsächlich allein mit Hasen-Methoden ein Leben lang ganz gut über die Runden. Wer ständig in Bewegung ist, hat überdies ja nie Zeit, auch nur darüber nachzudenken, ob ihm etwas fehlt. Solche Hasen werden höchstens wach, wenn es einen richtigen Schlag tut.

Bei vielen Managern – und wenn Sie bis hierher gelesen haben, gehören Sie möglicherweise dazu – macht sich aber auch ohne „besondere Vorkommnisse" irgendwann im Laufe einer – von außen betrachtet – erfolgreichen Karriere ein unbestimmtes Unbehagen breit. Vielleicht stehen Sie morgens auf und haben einfach keine Lust auf den nächsten Sprint. Vielleicht steigt in Ihnen auch die Ahnung auf, dass Sie sich das Leben schwerer machen, als es sein müsste. Oder Sie bemerken, dass Sie in der täglichen Jobroutine Ihre kreativen Fähigkeiten noch nicht wirklich ausschöpfen, weil Sie sich viel zu oft an starre Vorgaben, unbewegliche Konzepte und Althergebrachtes halten und sich damit gelegentlich einfach nur im Kreis drehen.

Nun, Sie haben in jedem Augenblick die Chance, genau das zu ändern. Picasso hat einmal gesagt:

Alles, was du dir vorstellen kannst, ist wirklich.

Er hat Recht. Wenn Sie einfach still halten, weil Sie glauben, dass der Vorstand Sie ansonsten aufs Abstellgleis schickt, wenn Sie lieber den Kopf einziehen, damit das absehbare Gewitter nur Regen und nicht auch noch Hagel bringt, wenn Sie Angst davor haben, etwas anders zu machen, weil Sie noch keinen Beweis dafür haben, dass es auch funktioniert, dann werden Sie einen großen Teil der Möglichkeiten, die das Leben birgt, nie erfahren. Und wenn Sie davon überzeugt sind, in Ihrem Unternehmen und bei sich selbst nichts verändern zu können, werden Sie es natürlich gar nicht erst versuchen.

Wenn Sie aber denken, dass die Dinge, auch wenn sie schon gut laufen, noch viel besser werden könnten, sind Sie schon fast dabei, sie auch tatsächlich besser zu machen. Nehmen Sie sich ein Beispiel an dem großen japanischen Krieger Nobunaga, der einst, weil er davon überzeugt war zu gewinnen, gegen einen Gegner ausrücken wollte, der zehn Mal mehr Soldaten befehligte als er selbst:

> *Er wusste, dass er gewinnen würde, aber seine Soldaten waren im Zweifel. Auf dem Wege machte er bei einem Shinto-Schrein Halt und sagte zu seinen Männern: „Nachdem ich den Schrein besucht habe, werde ich eine Münze werfen. Wenn Kopf kommt, so werden wir gewinnen; kommt die Rückseite, verlieren wir. Wir sind in der Hand des Schicksals."*
> *Nobunaga betrat den Schrein und verrichtete ein stilles Gebet. Dann kam er wieder heraus und warf die Münze. Sie zeigte Kopf. Seine Soldaten waren so begierig zu kämpfen, dass sie die Schlacht mit Leichtigkeit gewannen.*
> *„Niemand kann gegen die Hand des Schicksals etwas unternehmen", sagte sein Diener nach der Schlacht.*
> *„Gewiss nicht", sagte Nobunaga und zeigte ihm die Münze. Sie hatte einen Kopf auf beiden Seiten.*

Die Experimente, die wir Ihnen vorgeschlagen haben, sind im besten Sinne des Wortes eine ähnliche Herausforderung. Wenn Sie die Übungen ausprobieren, brauchen Sie anfangs etwas Pioniergeist, weil Sie zunächst einmal die Bahnen des Gewohnten und von allen Akzeptierten verlassen – sprich: die Ackerfurche wechseln – müssen. Mit jedem Seitensprung, den Sie machen, wird sich Ihre Zuversicht fast wie von selbst erhöhen, denn Sie werden bemerken: Es funktioniert, weil Ihnen durch die neue Perspektive, die Sie gewinnen, nichts weggenommen wird, was Sie ohnehin schon drauf haben, sondern Ihnen etwas Zusätzliches geschenkt wird!

Sie müssen auch nicht gleich in alter Hasen-Manier nach vorne preschen und zu jeder Übung eine Konfrontation mit Ihrem vielleicht geistig noch nicht so beweglichen Umfeld vom Zaune brechen, um zu zeigen, dass Sie gerade das Ei des Kolumbus gefunden haben. Vielleicht tasten Sie sich lieber sachte an Ihre neuen Möglichkeiten und Aussichten heran. Probieren Sie stattdessen öfter einen Perspektivwechsel, verändern hier und dort ein paar Kleinigkeiten und beobachten aufmerksam, was sich daraus ergibt.

Das „Management à la Has'n'Igel" ist kein Radikalprogramm, auch wenn es natürlich bei konsequenter Anwendung zu radikal positiven Veränderungen führt. Eine Sicht der Dinge, die Sie in Jahren oder gar Jahrzehnten als Erfahrungsschatz entwickelt haben, werden Sie nicht spontan in wenigen Augenblicken völlig umkrempeln wollen. Allerdings halten uns die jüngsten neurologischen Forschungen deutlich vor Augen: Je öfter wir in dieselbe Richtung denken, umso tiefer und starrer werden die Ackerfurchen im Gehirn.

Das Ausprobieren der Experimente wirkt wie ein Appetithappen. Indem Sie vom üblichen Trott einmal einen Schritt zur Seite treten, schaffen Sie Raum, um überhaupt etwas Neues wahrnehmen zu können. Wenn Sie öfter auf diese Weise ein wenig zurücktreten, gewinnen Sie im Laufe der Zeit einen neuen Überblick und können die Dinge nachhaltig verändern.

Die Übungen kitzeln vor allem Ihren inneren Igel wach, indem sie Alternativen zur nicht nur im Business meist überbewerteten Hasen-Position andeuten. Das bedeutet aber nicht, dass Sie künftig überhaupt nicht mehr rennen sollen. Wenn Sie nur mit selbstgenügsamer „Ich bin schon da"-Mentalität gemütlich am Feldrand hocken, wird das wirkliche Leben an Ihnen vorüberziehen. Bringen Sie den Igel einfach ab und an ins Spiel, wenn der Hase gerade mal wieder besonders verbissen zur Tat schreitet. Das schafft Balance. Und genau darum geht es schließlich: Rennen Sie, wenn es nötig ist, aber immer nur so, dass Sie Freude dabei haben.

Viele Manager-Seminare sind nach einem schlichten Muster gestrickt. Sie versprechen den Teilnehmern, dass sie nun bestimmte Fähigkeiten erwerben, die sie „besser" machen. Methoden und Machen stehen im Vordergrund, nicht jedoch die Persönlichkeit, das eigene Sein. Im Leben ist jedoch genau das die wichtigste Komponente. Denn wie wollen Sie einen guten Job machen, wenn Sie nicht einmal wissen, *wer* ihn eigentlich macht?

Vor diesem Hintergrund sind die acht Experimente eine Einladung zur Selbstentdeckung. Wir versprechen Ihnen nicht, dass Sie mit diesem Buch etwas Konkretes erreichen. Allerdings wissen wir aus vielfältiger praktischer Erfahrung, dass Sie sich besser fühlen werden, wenn Sie mit unseren Gedanken und Übungen arbeiten. Und wenn Sie sich besser oder sogar richtig gut fühlen, sind Sie zwangsläufig auch erfolgreich. Am besten genießen Sie einfach den Weg, so wie es der Schriftsteller Antoine de Saint-Exupéry in der „Kunst der kleinen Schritte" vorschlägt:

Ich bitte nicht um Wunder und Visionen, Herr, sondern um Kraft für den Alltag. Lehre mich die Kunst der kleinen Schritte. Mach mich findig und erfinderisch, um im täglichen Vielerlei meine Erkenntnisse zu notieren, von denen ich betroffen bin.

Mach mich griffsicher in der richtigen Zeiteinteilung. Schenke mir das Fingerspitzengefühl, um herauszufinden, was erstrangig und was zweitrangig ist. Ich bitte um Kraft, dass ich nicht durch das Leben rutsche, sondern den Tagesablauf vernünftig einteile, auf Lichtblicke und Höhepunkte achte und hin und wieder Zeit finde für einen kulturellen Genuss.

Lass mich erkennen, dass Träume nicht weiterhelfen, weder über die Vergangenheit noch über die Zukunft. Hilf mir, das Nächste so gut wie möglich zu tun und die jetzige Stunde als die wichtigste zu erkennen.

Bewahre mich vor dem Glauben, es müsse im Leben alles glatt gehen. Schenke mir die Erkenntnis, dass Schwierigkeiten, Niederlagen, Misserfolge und Rückschläge eine selbstverständliche Zugabe zum Leben sind, durch die wir wachsen und reifen. Erinnere mich daran, dass das Herz oft gegen den Verstand streikt. Schick mir im rechten Augenblick einen Menschen, der den Mut hat, mir die Wahrheit zu sagen.

Ich möchte Dich und die anderen immer aussprechen lassen. Die Wahrheit sagt man sich nicht selbst, sie wird einem gesagt. Ich weiß, dass sich viele Probleme dadurch lösen, wenn ich nichts tue. Gib, dass ich warten kann.

Du weißt, wie sehr wir der Freundschaft bedürfen. Gib, dass ich diesem schönsten Geschenk des Lebens gewachsen bin. Verleihe mir die nötige Phantasie, im rechten Augenblick Güte zu zeigen. Mach aus mir einen Menschen, der einem Schiff mit Tiefgang gleicht, um auch die zu erreichen, die unten sind. Bewahre mich vor der Angst, ich könnte das Leben versäumen. Gib mir nicht, was ich mir wünsche, sondern das, was ich brauche. Lehre mich die Kunst der kleinen Schritte.

In diesem Sinne wünschen wir Ihnen viel Freude beim Ausprobieren, Verändern und Erleben.

Zu den Autoren

Das Wirtschaftsmagazin *CAPITAL* würdigte ihn als „Doyen der deutschen PR-Szene“, die *Süddeutsche Zeitung* bezeichnete ihn als „zurückhaltenden Primus“. **Paul J. Kohtes** (*1945) ist beides. Gegensätze zu verbinden, ist für ihn ein Lebensthema.

Schon als er vor über 30 Jahren in Düsseldorf eine Beratungsgesellschaft für Öffentlichkeitsarbeit gründete, zierte das Logo des Unternehmens eine Brücke, die Verbindungen schaffen sollte. Paul J. Kohtes gilt als einer der führenden Berater für Unternehmenskommunikation in Deutschland. 2006 wurde er als erster Deutscher in die „Hall of Fame“ des Internationalen PR-Agenturen-Verbandes aufgenommen. Auf der Suche nach innerem Gleichgewicht entdeckte er vor 25 Jahren die Zen-Meditation für sich. Der Welt der Wirtschaft wollte er dabei nie den Rücken kehren, sondern immer das Weltliche mit dem Spirituellen vereinen. Paul J. Kohtes leitet Seminare in Zen-Meditation und hat sich spezialisiert auf das Coachen von Führungskräften. 1998 gründete er gemeinsam mit seiner Frau Margret Kohtes die Identity Foundation, eine gemeinnützige Stiftung, die das Thema Identität wissenschaftlich erforscht.
www.identityfoundation.de

Weitere Buchtitel von Paul J. Kohtes im J. Kamphausen Verlag:

Dein Job ist es, frei zu sein. Zen und die Kunst des Managements, 195 Seiten, 2005
Silbermond in dunkler Nacht. Zen-Gedichte, 91 Seiten, 2005
mit Hans Wielens (Hrsg.): **Raus aus der Führungskrise.** Innovative Konzepte integraler Führung, 320 Seiten, 2006
Sie wartet schon vor Deiner Tür. Das Weisheitsbuch – von Atem bis Zen, 160 Seiten, 2006
mit Christoph Quarch (Hrsg.): **Die eigene Tiefe erspüren.** Leben aus der Kraft von Spiritualität, Kreativität und Kunst, 141 Seiten, 2005

Nadja Rosmann (*1972) ist promovierte Kulturanthropologin mit dem Schwerpunkt Identitätsforschung und arbeitet als Journalistin und PR-Beraterin. Sie war u.a. mehrere Jahre lang Chefredakteurin einer IT-Fachzeitschrift, produzierte Wirtschaftsbeilagen für die Frankfurter Allgemeine Zeitung und war für das Business-TV-Projekt der Deutschen Bank tätig.

Zu ihren Arbeitsgebieten gehören die Themen authentische Führung, Spiritualität im Business, Kommunikation und Persönlichkeitsentwicklung. Sie betreibt das Business-Weblog „think.work.different“:
www.zenpop.de/blog